ABENTEUER SCHWARZWALD

DER NATUR AUF DER SPUR

ABENTEUER SCHWARZWALD

DER NATUR AUF DER SPUR

KNESEBECK

DAS YEP

WAS MAN ERLEBT HAT, DAS SCHÄTZT MAN. WAS MAN SCHÄTZT, DAS SCHÜTZT MAN.

Junge Leute in den Nationalpark Schwarzwald einladen und für die Wildnis vor der eigenen Haustür begeistern – das ist das Ziel des *Young Explorers Program*.

Das Herzstück des *Young Explorers Program* ist ein erlebnisorientiertes Abenteuercamp, in dem jedes Jahr 16 Jugendliche aus ganz Deutschland zusammenkommen, um den Nationalpark eine Woche lang zu erkunden, zu entdecken und Wissenswertes über die Natur zu lernen. Hier können sich Gleichgesinnte als Gruppe zusammenfinden und bleibende Freundschaften knüpfen.

YEP – WAS?!

DAS CAMP ist auf den drei Säulen **Entdecken, Lernen und Handeln** aufgebaut. Ein wichtiges Element ist dabei die Kamera. Mit Hilfe von **Fotografie und Film** beobachten die Jugendlichen die Natur aus völlig neuen Blickwinkeln, halten ihre Schönheit bildlich fest und teilen ihre Erfahrungen mit anderen.

Darüber hinaus erarbeiten die Teilnehmenden in verschiedensten Workshops gemeinsam Ideen und Aktionen, um sich in Zukunft für den **Schutz der Wildnis** einzusetzen.
Neben vielen tollen Erlebnissen und Abenteuern im Nationalpark steht der Gemeinschaftsgedanke im Vordergrund. Denn das Camp bietet den Einstieg in ein **stetig wachsendes Netzwerk** von Jugendlichen und Junggebliebenen, die sich nachhaltig für die Natur und die Wildnis vor der eigenen Haustür begeistern und engagieren.

Das macht uns aus
Von jungen Menschen für junge Menschen.
Beim Camp wird ganz schnell klar – Unterschiede zwischen Teilnehmer:innen und Teamer:innen gibt es nicht. Wir lernen alle voneinander, egal wie alt oder wie lang dabei.

„MACHEN IST WIE WOLLEN, NUR KRASSER"
Gemeinsam die Schönheit der Natur erleben und lieben lernen und mit Begeisterung diese Natur und Wildnis schützen.

Wertschätzung

Bei allen YEP-Veranstaltungen begegnen wir uns mit großem Respekt – denn diesen brauchen wir auch der Natur gegenüber. Jede:r darf bei uns sein, wer Mensch ist.

Miteinander und voneinander lernen

Wir sind fest davon überzeugt, dass jede:r besondere Stärken und Fähigkeiten mitbringt.
Beim Camp sind die **Inspirational Talks** ein Herzstück – jede:r Teilnehmer:in hält einen Kurzvortrag über etwas, das Mensch bewegt oder inspiriert, und steckt damit meist die ganze Community an.

Wir können was bewegen!

Das YEP zeigt uns Jahr für Jahr aufs Neue: Wir können etwas bewegen!
Durch Film, Foto und Virtual Rea-

Ähm, wie war das noch mal mit Kartenlesen und so?

lity konnten wir schon unzählige Menschen in der Stadt die Wildnis des Nationalparks näherbringen. Auch Politiker:innen hören uns zu – so konnten wir unter anderem

Die Welt mit anderen Augen sehen.

schon an der Stallwächter-Party teilnehmen und hatten Besuch von der Umweltministerin im Camp. Und auch große Unternehmen zeigen mittlerweile Interesse daran, unsere Stimmen miteinzubeziehen. Die Überzeugung, dass jeder noch so kleine Schritt großen Impact haben kann, ist unsere größte Motivation.

Entdecken – Lernen – Handeln

Entdecken:

Mitten im Nationalpark kann man der Wildnis anders begegnen. Ganz bewusste Momente in der Natur – ob frühmorgens am Wilden See, nachts unter klarem Sternenhimmel oder beim 40 km langen Abenteuertrek – lassen uns den Nationalpark spüren und zeigen den YEPs die unglaubliche Schönheit der Natur vor der Haustür.

Lernen

Die Wildnis ist faszinierend – Ranger:innen zeigen uns ihren Blick auf den Nationalpark und erklären uns die erstaunliche Wissenschaft dahinter. Ob über seltene Pilze oder das Borkenkäfermanagement – sie können uns alle Fragen beantworten. Neben Wissen über den Nationalpark lernen die Teilnehmer:innen in den Camps in Kreativworkshops die Grundlagen der Fotografie, des Films und des Storytellings kennen. Denn wer schöne Bilder und Filme mit der Welt teilt, kann noch viel mehr Menschen für Wildnis und Natur begeistern – so unsere Überzeugung.

Handeln

Um die Natur zu schützen, braucht es kreative, innovative

Ideen. Mit Hilfe von Design-Thinking-Methoden entwickeln die YEPs eigene Projekte im Natur- und Umweltschutz. Die Projekte werden im Nachgang des Camps mit Hilfe der restlichen Community ausgearbeitet und in die Realität umgesetzt. Die Mischung aus Begeisterung, gesammelter Kompetenz in verschiedenen Bereichen und dem Drang, etwas bewegen zu wollen, ist der perfekte Nährboden, um zu handeln.

Autor:in: Niko Pallas, Melina Kuhnert

Es war einmal ...

Was das YEP ist, wisst ihr nun schon, aber wie kam es eigentlich zum ersten Camp, und wer steckt dahinter?

Letzteres ist leicht zu beantworten: Die Hauptgründer des Camps sind Anne Poggenpohl, David Lohmüller, Saskia Bauer, Simon Straetker und Viola Taubmann.

Sympathisch?! Können wir!

Konzept

YOUNG
EXPLORERS
CAMP

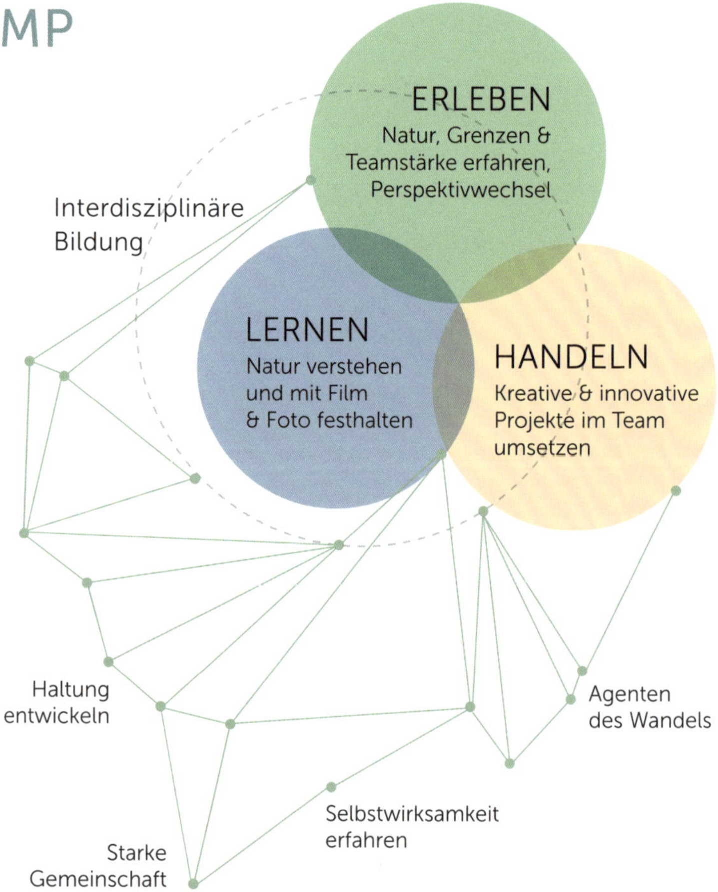

ERLEBEN
Natur, Grenzen &
Teamstärke erfahren,
Perspektivwechsel

Interdisziplinäre
Bildung

LERNEN
Natur verstehen
und mit Film
& Foto festhalten

HANDELN
Kreative & innovative
Projekte im Team
umsetzen

Haltung
entwickeln

Agenten
des Wandels

Selbstwirksamkeit
erfahren

Starke
Gemeinschaft

Das Abenteuer Schwarzwald

Am Anfang stand das „Abenteuer Schwarzwald". Mit Beginn im Mai 2014 produzierte ein Team von Filmemachern und Fotografen mehrere Kurzfilme und Fotoserien zu den ersten vier Jahreszeiten im Nationalpark Schwarzwald. Das Projekt sollte insbesondere Jugendlichen die Schönheit des neu gegründeten Nationalparks auf eine ansprechende und zugängliche Art und Weise näherbringen, und sie für einen Besuch im Schwarzwald begeistern.

Simon und David erinnern sich an die Anfänge:

„Im Winter 2014 trafen wir beide uns zum allerersten Mal, um unser Projekt ‚Abenteuer Schwarzwald' ins Leben zu rufen. Damals wussten wir noch nicht, was für ein großartiges Abenteuer in den kommenden Jahren damit tatsächlich auf uns warten sollte. Am Anfang noch zu zweit im wilden Nationalpark unterwegs, konnten wir schnell andere gleichgesinnte Film- und Fotoschaffende für unsere Idee gewinnen und im Verlauf des Projekts ein tolles Team aufbauen.

Mit dem gemeinsamen Ziel, junge Menschen von der Natur im

Anne Poggenpohl

David Lohmüller

Saskia Bauer

Simon Straetker

Viola Taubmann

Nationalpark Schwarzwald zu begeistern, verbrachten wir zahlreiche Nächte unter sternenklarem Himmel, wanderten von den Karseen zu den Grinden, filmten und fotografierten die Allerheiligen-Schlucht, den Lotharpfad und den einzigartigen Bannwald aus jeder Perspektive, sahen die Sonne von der Badener Höhe über dem Schwarzwald aufgehen, hinter den Vogesen untergehen und legten uns für Buntspecht, Hirsch und Sperlingskauz stundenlang auf die Pirsch.

Wir konnten mit unserer Arbeit nicht nur andere Menschen für den Nationalpark Schwarzwald begeistern, sondern durften auch selbst einen ganz besonderen Zugang zu dieser wunderbaren Natur hier direkt vor unserer Haustür erfahren und ihn als eine zweite Heimat schätzen lernen.

Die zahlreichen Drehtage mit den Nationalpark-Rangern öffneten uns die Augen und unsere Sichtweise für eine unglaubliche Welt der Vielfalt, die wir in dieser Zeit mit allen Sinnen erleben konnten. Wir sind deshalb unglaublich dankbar für all diejenigen, die von Anbeginn an unser Projekt geglaubt und uns auf dem Weg der Umsetzung tatkräftig unterstützt haben."

Das Young Explorers Program

Saskia berichtet über die Anfänge des Young Explorers Program:

„Simon und ich kennen uns von einem Projekt, bei dem wir selber als Jugendliche mit dabei waren, es nannte sich Pangaea Young Explorers Program, daher auch der Name bei Abenteuer Schwarzwald, und im Endeffekt war das von der Grundidee her sehr ähnlich. Es ging darum, Jugendliche an wunderschöne Orte auf der Welt zu bringen, wo noch intakte, wilde Natur zu finden ist, und die Leute für die Natur und den Umweltschutz zu begeistern. Sie zu inspirieren, sich für den Schutz der Natur einzusetzen. Simon und ich waren wahnsinnig begeistert von dieser Idee, denn nur wenn man mal die Schönheit der Natur gesehen hat, dann kann man den Wunsch entwickeln, sich für den Umweltschutz einzusetzen. Wir waren dann erst mal in kleineren Projekten engagiert, haben uns auch richtig gut privat angefreundet, und dann hat Simon mit David zusammen das Foto- und Filmprojekt ‚Abenteuer Schwarzwald' aufgebaut, bei dem auch Viola mitgeholfen hat. Daraus ist die Idee entstanden, dass es cool wäre, wenn wir Jugendliche nicht nur übers Internet für den Nationalpark begeistern, sondern auch Leute direkt in den Nationalpark holen."

In welchem Zusammenhang steht das Young Explorers Camp im Schwarzwald mit dem Pangaea Project?

„Im Endeffekt war es nur die Idee. Wir wollten das, was wir bei Pangaea erlebt hatten, übertragen auf den Schwarzwald und ein ähnliches Projekt hier ins Leben rufen. Das Pangaea Project hatte immer drei Hauptthemen: Explore, Learn und Act, und diese drei Säulen haben wir auch übernommen. Wenn man sich das Programm der Campwoche ansieht, ist es ja genau das: Natur erleben, aber eben auch lernen von den Ran-

Einfach nur wahrnehmen ...

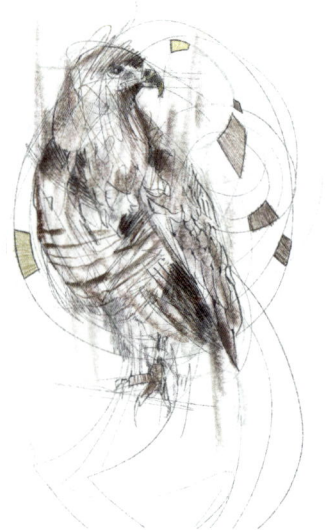

gern, von externen Workshop-Leitern und selbst Projekte entwickeln und sich so für den Naturschutz einsetzen."

Viola ergänzt:

„Vom Gefühl her war die Entwicklung vom Abenteuer-Schwarzwald-Projekt zum ersten Camp ein total natürlicher Schritt. Das Ziel des Abenteuer-Schwarzwald-Projektes war es ja bereits, jungen Leuten die Natur näherzubringen, und da macht es nur Sinn, sie direkt in den Nationalpark einzuladen. Es war etwas so Besonderes, den Nationalpark unmittelbar kennenzulernen, dass wir die Möglichkeit anderen jungen Leuten auch geben wollten."

Anne berichtet:

„Der Ansatz, etwas vor der Haustür zu machen, weil wir ja hier was bewegen wollen und wunderschöne Natur unmittelbar vor uns haben, hat mich eigentlich am meisten gepackt. Der Nationalpark ist einfach einzigartig. Als kreatives Team versuchen wir, Naturschutz neu zu denken und dadurch auch gezielt medienaffine Jugendliche zu inspirieren."

Da sie die ersten Jahre mit Anne die Campleitung übernommen hat, erinnert sich Saskia noch gut an den Organisationsprozess:

„Das Schwierigste war, die finanziellen Mittel aufzubringen, damit das Camp kostenlos und inklusiv sein kann. Die Idee war allerdings schon immer relativ fix, wir hatten eine klare Vision davon, wie das Camp aussehen sollte. Wir hatten ein cooles Team, unsere Fähigkeiten und Eigenschaften haben sich so wahnsinnig gut ergänzt, dass es alles richtig gut funktioniert hat. Wir hatten Simon, er hatte direkt Kontakte zur Darmstädter Hütte, wo wir die ersten Camps durchgeführt haben, und er kannte Leute im Nationalpark, mit denen wir Aktivitäten gemacht haben. Das war einfach megawichtig, sonst hätte das Ganze nicht funktioniert.

Und dann hatten wir Viola, die sich um Pressearbeit und Bewerbungen gekümmert hat und die dafür zuständig war, Teilnehmende zu akquirieren. David hat den Fotoworkshop organisiert, und dann gab's mich, ich hatte ein Händchen dafür, den Überblick zu behalten und alles in die richtigen Wege zu leiten. Ich habe organisiert, mich um das Programm gekümmert, die Teilnehmer-Kommunikation gemacht und so. Irgendwie lief das alles von selbst, ich hatte nie das Gefühl, dass es Arbeit ist, es hat immer Spaß gemacht und war eine wahnsinnig coole Zeit."

Und für was warst du zuständig, Anne?

„Beim ersten Camp haben wir alle gemeinsam das Konzept entwickelt und die Idee kreiert. Ich habe mit Sassi das Camp geleitet und wegen meinem gestalterischen Hintergrund im Designbereich dem Camp seine visuelle Erscheinung gegeben. Im zweiten Camp haben wir realisiert, dass wir die Teilnehmenden noch mehr zum eigenen Handeln befähigen möchten, und dann habe ich Design-Thinking- und Projekt-Workshops geleitet. Selbst nach mittlerweile 5 Jahren bleibt es jedes Jahr aufs Neue faszinie-

rend zu sehen, wie durch nur vier Stunden Workshop so geniale und nachhaltige Projekte ins Rollen kommen, die wieder ganz neue Menschen erreichen."

Gemeinsam Freude teilen!

Doch was wäre das Young Explorers Program ohne seine Teilnehmenden? Saskia antwortet auf die Frage, wie die Zielgruppe des Camps genau aussieht:

„Die Zielgruppe besteht aus zweierlei Gruppen: Einmal Leute, die noch nicht so viel Ahnung von Natur haben, aber sich für die

Natur oder Fotografie und Film begeistern, und dann andererseits auch Leute, die schon voll in dem Thema drinstecken, weil die dann auch wiederum die anderen mitreißen und begeistern können."

Doch wie man die Zielgruppe erreicht, ist gar nicht so leicht, berichtet Viola:
„Wir haben natürlich über Social Media Werbung gemacht, aber da haben wir vor allem Menschen erreicht, die dem Account schon folgen und bereits naturinteressiert sind. Wir wollen eigentlich immer eine diverse Gruppe haben. Deshalb haben wir ab dem ersten Jahr auch in Zeitungen Anzeigen geschaltet und probeweise auch mal viele Flyer und Plakate in Schulen in Baden-Württemberg verteilt. Teilweise waren die Lehrer da total begeistert, und manchmal war kaum Interesse da. Hin und wieder kam leider auch die Rückmeldung, dass die Schüler auf so etwas ohnehin keine Lust hätten und die Schulen gar keine Plakate haben wollten. Da haben wir gemerkt, dass es ganz schön schwer sein kann, an Jugendliche dranzukommen, die wir eigentlich in die Natur holen wollen."
Die Arbeit hat sich aber auf jeden Fall gelohnt, denn viele der ehe-maligen Teilnehmenden sind immer noch aktiv dabei."

Wie sich die Community entwickelt hat, erzählt Saskia:
„Also von der Grundidee her war es schon immer so, dass wir uns vorgestellt haben, dass es mal eine coole Community gibt, aber wir waren uns nicht bewusst, was es für Ausmaße annehmen würde. Mittlerweile sind wir über 100 Jugendliche. Regelmäßige Nachtreffen und ein Festival im Sommer bringen uns als Community zusammen – um Aktionen zu planen oder auch einfach auf Microadventures die Natur zu erleben. Die ehemaligen Teilnehmenden sind zum einen untereinander in Kontakt, und zudem wollten wir allen eine Chance geben, auf ,offi-

ziellem' Wege noch coole Sachen miteinander zu erleben. Wir hatten auch von Anfang an den Plan, irgendwann Leute aus den ersten Camps in die Leitung mit aufzunehmen. Unsere Idee war immer, dass es keine so große Alterslücke gibt zwischen den Leuten, die das Camp organisieren, und den Leuten, die teilnehmen, weil das Ganze ja davon irgendwie lebt. Und vor allem ist es uns von Anfang an wichtig gewesen, dass das Camp nicht von uns abhängig ist, sondern dauerhaft und langfristig bestehen bleibt. Wir sind alle recht nah beieinander, haben ähnliche Werte, ähnliche Ideen, und das hat richtig gut funktioniert!"

Autor:in: Emily-Lou Rajsp,
David Lohmüller

Der Freundeskreis

Gemeinsam können wir mehr bewegen, und so ist das YEP Teil des Freundeskreis Nationalpark Schwarzwald e.V. In diesem gemeinnützigen Verein haben sich Menschen zusammengeschlossen, die für die Nationalparkidee und den Naturschutz stehen und den Nationalpark Schwarzwald fördern und unterstützen möchten.

Unsere Motivationen sind:
- Wir stehen für die Notwendigkeit und Wertschätzung des Nationalparks Schwarzwald.
- Wir möchten die Menschen mit dem Nationalpark verbinden.
- Wir brauchen Rückzugsräume wilder Natur – auch für uns Menschen.
- Wir setzen uns für Naturschutz,

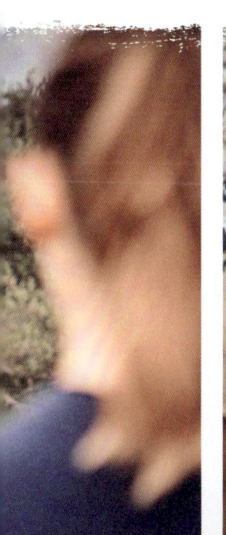

biologische Vielfalt und Nachhaltigkeit ein.

- Wir sehen uns in der Verantwortung für die nachfolgenden Generationen.

Wo soll es für uns hingehen:

Durch unser Engagement möchten wir auch zukünftig dazu beitragen, dass im Nationalpark mehr Lebensraum für Tiere, Pflanzen und Pilze dauerhaft unter Schutz gestellt wird.

Gemeinsam mit dem Nationalpark wollen wir zum Nachdenken über das Verhältnis von Mensch und Natur anregen und begeistern und den Naturschutz stärken. Ein besonders großes Anliegen ist uns jedoch, durch Naturerlebnisse und Information die Einsicht zu fördern, dass Natur keine Kulisse ist, sondern überlebensnotwendig, lehrreich und schützenswert!

Wie ist der Freundeskreis entstanden?

Im Dezember 2011 starteten wir als Kampagnenverein. Auch Greenpeace hat uns dabei spektakulär unterstützt. Die Jahre bis zur Errichtung des Nationalparks am 1.1.2014 wurden durch gesellschaftlich kontroverse Diskussionen und die Spaltung von Befürwortern und Gegnern in der Region begleitet.

Was wir euch noch mitgeben möchten:

Ohne das Engagement von vielen Menschen in ihrem persönlichen Umfeld, in NGOs wie Vereinen und Naturschutzverbänden wären viele Naturschutzprojekte nicht möglich geworden. Der Naturschutz, der Schutz der Biodiversität und des Klimas sind nicht nur zum regionalen, sondern zum globalen Thema geworden. Dies fördert die Erkenntnis, dass wir zukünftig nur mit und nicht gegen die Natur auf dieser Welt werden leben können.

Autorin: Susanne Schönberger

Ihr wollt mehr erfahren oder sogar Mitglied werden?!
Dann schaut doch einfach mal auf unserer Website vorbei:
www.freundeskreis-nationalpark-schwarzwald.de
Wir freuen uns, euch begegnen zu dürfen!

ABENTEUER SCHWARZWALD

ENTDECKEN – LERNEN – HANDELN, das ist die Vision des Young Explorers Program, kurz YEP. Die Young Explorers (YEPs) sind ein Netzwerk junger Menschen, die es sich zum Ziel gesetzt haben, Personen in ihrem Alter für Natur und Wildnis vor der eigenen Haustür zu begeistern.

Das Buch „Abenteuer Schwarzwald" soll als Teil des Program Menschen wilde Natur näherbringen und Möglichkeiten aufzeigen, aktiv dafür einzutreten. Es widmet sich dabei den großen Herausforderungen unserer Zeit – dem Verlust biologischer Vielfalt und dem Klimawandel. Ziel ist es, nicht nur das notwendige Wissen zu vermitteln, das es braucht, um diesen Herausforderungen entgegenzutreten. Vielmehr möchten die Autorinnen und Autoren Menschen motivieren und sie befähigen selber die Welt zu gestalten. Wie das geht, zeigen die YEPs auch mit ihren Camps und Festivals. Junge Menschen werden für die Natur begeistert und setzen sich kreativ und mit viel Spaß für sie ein, als Teil einer stetig wachsenden Gemeinschaft. Dabei kann jede und jeder die eigenen Ideen, Stärken und Visionen einbringen.

Der Nationalpark Schwarzwald unterstützt und begleitet dieses Projekt tatkräftig und verstärkt damit das Know-how der Teilnehmenden.

Als Schirmherrin des Young Explorers Program ist es mir ein Anliegen, der jüngeren Generation die Möglichkeit zu geben, sich für die Gestaltung einer zukunftsfähigen Welt einzubringen und sich aktiv am Naturschutz zu beteiligen. Das setzen die YEPs in einer beeindruckenden und zukunftsorientierten Art und Weise um.

Ich wünsche Ihnen/euch viel Spaß beim Lesen und noch mehr beim Erkunden unserer wundervollen Natur vor der Haustür.

Thekla Walker

Thekla Walker, MdL
Ministerin für Umwelt, Klima und Energiewirtschaft,
Baden-Württemberg

NATIONAL-PARK

Von den Kreidefelsen auf Rügen über die Bergrücken in den Alpen bis hin zu waldreichen Mittelgebirgen sind Nationalparks in Deutschland zu finden. Und auch wenn es sich zunächst um unterschiedliche Lebensräume handelt, so eint die Großschutzgebiete dennoch eine Idee – dass der Mensch sich einmal herausnimmt und zum Betrachtenden wird. Unter dem Motto „**Natur Natur sein lassen**" werden natürliche Prozesse im Optimalfall ohne menschliche Wertvorstellung geschützt und gleichzeitig für Besuchende erlebbar gemacht. So fungieren Nationalparks nicht nur als wichtige Rückzugsräume für bedrohte Arten, sondern schaffen Bildungsräume für alle Generationen.

Autor: Patrick Stader

ALLGEMEINES NATIONALPARK-WISSEN

Urwaldtyp

Vor 1000 Jahren war das gesamte Nationalparkgebiet mit strukturreichen Urwäldern bedeckt, viele Baumriesen darin waren ebenso alt. Zwischen dichten Waldpartien gab es größere Lichtungen, die sich durch Stürme, Brände, Wildtiere und Insekten geformt hatten. Etwa ein Drittel der Bäume war abgestorben, ihre Stämme standen als mächtige Säulen noch über Jahrzehnte, bevor sie zusammenbrachen und den Wald fast undurchdringlich machten. In den Lücken wuchsen wieder junge Bäume heran. **Das einzig Beständige** in dieser Wildnis war **der stete Wandel.**

Die Urwälder waren in den tieferen Lagen vor allem aus Buchen und Eichen zusammengesetzt, während in den Hochlagen ober-halb von 800 Metern die Tanne zusammen mit der Buche dominierte. Fichten gab es deutlich weniger als heute, sie wuchsen vor allem in den kälteren Hochlagen. Dauerhaft waldfrei waren nur einige Moore, Felsen und Blockhalden – sie boten Lebensraum für viele hochspezialisierte Arten.

Schon die nacheiszeitlichen Jäger:innen und Sammler:innen haben die Wälder des Nordschwarzwalds für sich genutzt – jedoch, verglichen mit heutigen Maßstäben, nicht sehr intensiv. Sie legten bereits Brände zur Verbesserung ihrer Jagdgründe, wodurch sie immer wieder für Lichtungen im Wald sorgten, auf denen Wildtiere grasen konnten und so leichter zu jagen waren. Im Laufe der Zeit rotteten die Jäger:innen die großen Pflanzenfresser nach und

Heute schon mal draußen gewesen?

nach aus, wodurch sich auch die Wälder stark veränderten.

Die heutigen Grinden („kahler Kopf") sind ein weiteres Resultat des menschlichen Eingreifens, da mit der wachsenden Bevölkerungszahl im Mittelalter nicht nur die Nachfrage nach Weideflächen für Vieh, sondern auch der Holzbedarf für die Flößerei sowie Bauzwecke stark stieg, so steht Amsterdam beispielsweise auf Tannenholz-Pfählen aus dem Schwarzwald.

Die seit rund 250 Jahren wieder aufgeforsteten Wälder sind in ihrer **Struktur nicht mit den ursprünglichen vergleichbar.** Vor allem die Moore, Kare, Felsen, Blockhalden

und die länger ungenutzten Bannwald-Gebiete vermitteln aber bis heute einen kleinen Eindruck von der Urlandschaft des Schwarzwalds. Heutzutage prägen menschengemachte **Fichtenmonokulturen,** d. h. unnatürliche, künstlich angelegte Forste, einen großen Teil der Waldbilder des Schwarzwalds. Diese wurden ab Mitte des 19. Jahrhunderts angelegt als Ersatz für die weitgehend abgeholzten ursprünglichen Tannen-Buchen-Urwälder. Die Fichte wurde dabei lange als „Brotbaum" der Waldwirtschaft gesehen, da sie im Vergleich zu anderen Baumarten schnell wächst und dennoch eine gute Holzqualität liefert.

Quelle: Nationalpark Schwarzwald

BIODIVERSITÄT UND SCHUTZGEBIETE WELTWEIT

Grindenfläche im Nationalpark

Ökosysteme einen Rückgang von 47 % erfahren (4 % pro Jahrzehnt) und die genetische Vielfalt pro Jahrzehnt um 1 % reduziert wird. Die direkten treibenden Kräfte für diese Entwicklung sind die veränderte Land- und Meeresnutzung, die direkte Ausbeutung und Übernutzung von Organismen, der Klimawandel, die Umweltverschmutzung und die Invasion gebietsfremder Arten.

Um dem **Verlust unserer Biodiversität** entgegenzuwirken, sind **Schutzgebiete** ein zentrales Element neben anderen Maßnahmen wie etwa einer ambitionierten Klimapolitik, der **Verringerung von Ressourcenverbrauch und Umweltverschmutzung**, einer naturverträglichen und nachhaltigen Agrarpolitik oder der Anpassung individueller Lebensstile an planetare Grenzen.

Verlust der Biodiversität

Die biologische Vielfalt erfährt eine Abnahme, welche schneller stattfindet als je zuvor in der Geschichte der Menschheit. Der Report des UN Weltbiodiversitätsrats IPBES von 2019 zeigt, dass etwa **25 % der Tier- und Pflanzenarten** (ca. 1 Million) **vom Aussterben bedroht** sind, die natürlichen

FAKTENBOX:
Werden die planetaren Grenzen der Erde überschritten, werden die Stabilität des Ökosystems und die Lebensgrundlagen der Menschheit gefährdet.

Schutzgebiete

Wie im Bundesnaturschutzgesetz (BNatSchG) verankert, müssen wir unsere Natur und Landschaft für das Leben und die Gesundheit der Menschen, inklusive zukünftiger Generationen, schützen. Dazu zählt der **Schutz der biologischen Vielfalt**, der Leistungs- und Funktionsfähigkeit des Naturhaushaltes, der Regenerationsfähigkeit der Naturgüter, der Vielfalt, Eigenart, Schönheit und des Erholungswertes.

Gründe für die Einrichtung eines Schutzgebietes sind somit das Naturschutzziel, der direkte Nutzen der intakten Natur oder der Erhalt kulturellen Erbes.

Je nach Kategorie des Schutzgebietes sind diese Ziele unterschiedlich gewichtet.

Diese hübschen Schilder weisen dich auf das Nationalparkgebiet hin.

VON GLOBAL ZU LOKAL

NATIONALPARKS, welche die Schutzkategorie II der IUCN (International Union for Conservation of Nature) erfüllen, haben das vorrangige Ziel, die natürliche biologische Vielfalt zusammen mit der zugrunde liegenden Struktur und den unterstützenden ökologischen Prozessen zu schützen sowie Bildung und Erholung in diesem Gebiet zu fördern. Weltweit gibt es **3808 Nationalparks** (IUCN Kategorie II) mit einer terrestrischen und marinen Fläche 12,3-mal so groß wie Deutschland. Somit sind 23,5 % der gesamten Schutzgebiete weltweit Nationalparks.

- IV: Biotop-/Artenschutzgebiet mit Management
- V: geschützte Landschaft / geschütztes marines Gebiet
- VI: Ressourcenschutzgebiet oder Kulturlandschaft mit Management

Schutzkategorien IUCN:
- Ia/Ib: strenges Naturreservat/ Wildnisgebiet
- II: Nationalpark
- III: Naturdenkmal/Naturmonument

Nationalpark Schwarzwald
Naturpark Schwarzwald Mitte/Nord
Baden-Württemberg

16 Nationalparks in Deutschland

Nationalparks sind großräumige – **Mindestgröße 10 000 Hektar** –, weitgehend unzerschnittene Gebiete, welche sich in einem durch den Menschen nicht oder wenig beeinflussten Zustand befinden oder in einem Zustand sind bzw. entwickelt werden können, welcher einen ungestörten Ablauf der Naturvorgänge in ihrer natürlichen Dynamik sicherstellt.

Sie sind unverzichtbar für den Erhalt der biologischen Vielfalt, da sie zum Schutz charakteristischer und standortspezifischer Arten und Ökosysteme in ihrer Region beisteuern und als **„ökologische Trittsteine"** im Zusammenhang mit anderen Schutzgebieten einen wichtigen Beitrag zur Konnektivität von Schutzgebieten leisten. Nationalparks sind **streng geschützt**, jedoch ist bei ihnen eine touristische Infrastruktur und die Betretung, nicht nur zu Forschungszwecken, im Vergleich zu Naturreservaten und Wildnisgebieten möglich. Dadurch entstehen einmalige Erlebnisräume, wodurch die Attraktivität der Region und die wirtschaftliche Entwicklung zusätzlich gefördert wird.

Die Nationalparks in Deutschland werden meistens als „Entwicklungsnationalparks" gegründet und haben danach bis zu 30 Jahre Zeit, ihre Kernzone auf 75 % ihrer Fläche zu erweitern. In der Kernzone gilt, dass der Mensch so wenig wie möglich eingreift und gestaltet, die Natur sich frei entwickelt und der natürlichen Dynamik Raum gegeben wird (Prozessschutz).

Autorin: Fenja Roskam

ARTEN- UND BIOTOPSCHUTZ, PROZESSSCHUTZ UND WILDNISBILDUNG

EINES DER HAUPTZIELE im Nationalpark Schwarzwald, wie auch in anderen Nationalparks, ist, **die Natur sich selbst zu überlassen.** Das bedeutet, dass Besucher:innen den Nationalpark unter Berücksichtigung spezieller Regelungen betreten dürfen, die Natur sich aber weitestgehend ohne menschlichen Eingriff entwickeln kann. Das Besondere dabei ist, dass dies im Idealfall ohne ein menschliches Ziel bzw. eine Wertvorstellung geschieht. Im Unterschied zum klassischen Arten- und Biotopschutz wird so kein spezieller Lebensraumtyp oder keine spezielle Tierart, wie beispielsweise ein Hochmoor oder die Gelbbauchunke, geschützt, sondern vielmehr der ungestörte Prozess der stetigen, unvorhersehbaren Veränderung der Natur an sich. Durch diesen **Prozessschutz** können sich Waldbilder ergeben, die im Forst sehr sel-

ten bzw. in diesem Ausmaß nicht vorhanden sind. Dabei bieten sie **Lebensräume für besonders bedrohte Arten** wie beispielsweise den Dreizehenspecht. Der Prozessschutz könnte damit indirekt als eine Art Biotop- und Artenschutz gesehen werden. Nur dass von vornherein nicht genau klar ist, wann welche Art oder welcher Lebensraum wie geschützt wird.

Arten- und Biotopschutz:
Beim klassischen Arten- und Biotopschutz gibt es eine klare Intention, vorher definierte Arten und Lebensräume mit gezielten Maßnahmen zu schützen. Dabei können Maßnahmen einen guten Istzustand erhalten oder aber auch einen ungünstigen Zustand, wie beispielsweise einen Entwässerungsgraben in einem Moor, beseitigen. Im Gegensatz zum Prozessschutz erfordert dies **aktives Handeln** und einen **lenkenden**

Eingriff in die Natur, um sie nach vorher definierten Schutzzielen zu formen. Im Nationalpark findet diese Form des Naturschutzes z.T. in der Entwicklungs- und Managementzone statt, ist aber im Vergleich zum Prozessschutz flächenmäßig zu vernachlässigen. Gerade bei europaweit geschützten Arten und Lebensraumtypen wie beispielsweise dem Auerhuhn fühlt sich der Nationalpark verpflichtet, deren Erhalt auch durch aktive Maßnahmen unter Berücksichtigung des Leitgedankens „Prozessschutz" zu stützen.

Wildnisbildung:

Ein Nationalpark ist ein Ort, wo verwildernde Natur erlebt werden kann. Die Aufgabe von Bildungsarbeit in einem Nationalpark ist es, **für Wildnis zu begeistern**, Kinder, Jugendliche und Erwachsene in der wilder werdenden Natur zu begleiten und mit ihr vertraut zu machen, ihren Wert aufzuzeigen und für ihren Schutz zu gewinnen. Das einfache Unterwegssein in der Natur kann zum Nachdenken über wirklich wichtige Bedürfnisse im Leben anregen, einen Kontrast zu unserem von Medien geprägten Alltag in einer Konsumgesellschaft darstellen und Impulse geben für einen zurückhaltenden und genügsamen Lebensstil (Suffizienz). Wildnisbildung ermöglicht die Begegnung mit Naturphänomenen, macht biologische Vielfalt sichtbar und trägt zur **Akzeptanz von Schutzgebieten** bei. Die Werte, die hier im Mittelpunkt stehen (Zurückhaltung, Demut, Wertschätzung, Respekt, Achtsamkeit), sind auch für einen nachhaltigen Lebensstil von großer Bedeutung. Hier überschneiden sich die Ziele von Wildnisbildung und einer Bildung für nachhaltige Entwicklung (BNE).

Autor:in:
Patrick Stader, Svenja Fox

Bildungsbeauftragte im Nationalpark Schwarzwald

INTERVIEW SVENJA FOX BILDUNGS-TEAM

UNSERE ARBEIT verfolgt unterschiedliche Ziele. Es geht ganz viel um das Spaßhaben draußen in der Natur, aber nicht nur. Es geht auch darum, zu verstehen, warum Naturschutz wichtig ist, was biologische Vielfalt bedeutet und was das mit mir selbst zu tun hat. Es geht um Bildung für eine nachhaltige Entwicklung, denn da draußen gibt es große Krisen: den Klimawandel, den Verlust der biologischen Vielfalt und zu viel Ressourcenverbrauch (ökologischer Fußabdruck). Das sind Krisen, die uns alle betreffen und die Kinder noch mehr, weil die Tendenz da ist, dass diese Krisen sich verstärken. Daher geht es in unserer Arbeit auch darum, ein Bewusstsein zu entwickeln für das, was wirklich wichtig ist. Das heißt, sowohl ein ökologisches Wissen und Verständnis dafür zu entwickeln, aber auch Dinge die mit Haltung, Werten und Lebensstil zu tun haben. Ich sehe mich nicht als eine erklärende oder ermahnende Person, sondern als eine begleitende und im besten Fall inspirierende Person. Ich möchte weitergeben, dass es Spaß macht, umweltbewusst zu leben.

Warum ist der Nationalpark für dich so ein besonderer Ort?
Ein Nationalpark ist ein Ort, wo die Natur wieder wilder werden darf. Die Natur und die Prozesse dürfen sich wieder frei entwickeln. Hier kann Wildnis schon ein Baum sein, der durch einen Sturm umfällt und auf dem Weg liegen bleiben darf. In einem Nationalpark müssen sich die Menschen so anpassen, dass sie eben um den Baum her-

umlaufen oder über den Bauern drüberklettern und das finde ich toll. Der Nationalpark ist Teil von einer großen globalen Anstrengung, Natur zu schützen, und eine Art, dies umzusetzen, ist eben auch, Naturräume aus der Nutzung zu nehmen. Dort wird nicht mehr abgeholzt, nicht mehr angepflanzt, und der Wald wird nicht mehr nach menschlichem Bewertungssystem ausgerichtet, sondern darf so sein, wie er sein will. Naturphänomene zu erleben, die ich in dem Wald meiner Kindheit nie gesehen habe, zu erleben, was es heißt, in wilderer Natur unterwegs zu sein, das begeistert mich, das treibt mich an.

Für mich ist das Wichtigste, dass die Menschen, mit denen ich gerade unterwegs bin, eine gute Zeit sowie positive Erlebnisse haben und sich in der Natur wohlfühlen.

Worin siehst du deine größte Aufgabe im Nationalpark?

Meine Aufgabe im Nationalpark ist Bildungsarbeit. Ich begleite Gruppen in der Natur und biete ihnen dabei einerseits einen sicheren Rahmen und möchte gleichzeitig einen Raum aufmachen für Gedanken, die auch mit dem eigenen Leben zu tun haben. Ich zeige auf, was es im Nationalpark zu entdecken gibt, aber ich möchte auch zeigen, was steckt dahinter an Wert, an Haltung, an Idee und was kann man mitnehmen für den eigenen Alltag.

Stichworte Nachhaltigkeit und Suffizienz, also Genügsamkeit – die Frage, was brauche ich wirklich, worauf kann ich verzichten, was macht mich eigentlich glücklich.

Was denkst du denn, was wir in Zukunft besser machen können?

Unsere Entscheidungen und Handlungen sind nie ohne Auswirkung auf die Natur oder andere Menschen. Ein Bewusstsein hierfür zu haben und auch mal bereit zu sein, auf etwas zu verzichten – das finde ich wichtig. Ich bin davon überzeugt, dass es uns als Menschheit in der Zukunft besser geht, wenn wir die Natur und die Wildnis schützen.

Wir sind alle kleine Rädchen in einem großen Getriebe, das heißt, jeder kleine Schritt in die richtige Richtung kann verändern!

Autorin: Svenja Christ

GESCHICHTE DES NATIONALPARKS SCHWARZWALD

1 Idee

Anfang der 90er Jahre: Die Idee eines Nationalparks im Nordschwarzwald kommt auf, wird aber nach positivem Start überraschend von der Regierung abgelehnt.

2 Gesetzesentwurf

2011: Die neu gewählte grün-rote Landesregierung nimmt die Errichtung eines Nationalparks im Schwarzwald in ihren Koalitionsvertrag auf. Ein Gutachten wird in Auftrag gegeben, um die Vor- und Nachteile eines Nationalparks gemeinsam mit verschiedenen Expertengruppen aus der Region zu erarbeiten. Auf Basis des Gutachtens wird ein Gesetzesentwurf erstellt.

3 Beschluss

28.11.2013: Das Nationalparkgesetz wird im Landtag mit den Stimmen der Grünen und der SPD beschlossen.

4 Gründung

1.1.2014: Der erste Nationalpark Baden-Württembergs wird offiziell gegründet!

FLÄCHE

DER NATIONALPARK SCHWARZWALD liegt auf den Höhenzügen des Nordschwarzwalds. Die Fläche von **10 062 Hektar** (Stand 2022) ist in zwei Teilgebiete, den Nordteil sowie den Südteil, aufgegliedert. Der ehemalige Bannwald **„Wilder See"** ist das älteste Naturschutzgebiet von Baden-Württemberg, aber auch neue Flächen wurden aufgenommen, die bis zur Gründung des Nationalparks forstwirtschaftlich genutzt wurden. Durch den strengeren Schutz durch das Nationalparkgesetz hat die Fläche nun einen noch größeren naturschutzfachlichen Wert und bietet einen Rückzugsort für viele bedrohte Arten.

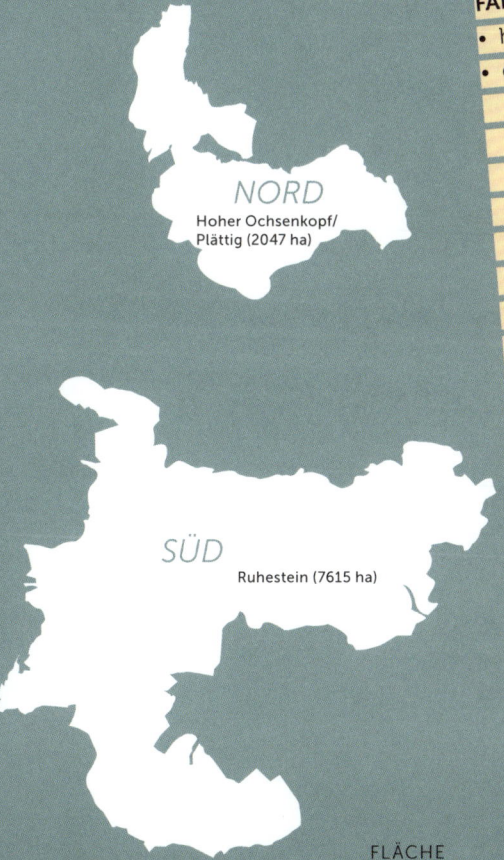

NORD
Hoher Ochsenkopf/
Plättig (2047 ha)

SÜD
Ruhestein (7615 ha)

FAKTENBOX:

- hauptsächlich Staatswald
- etwa 9000 ha im Gebiet um den Ruhestein, 2000 ha um den Hohen Ochsenkopf – am Ruhestein standen bereits 93 % und im Bereich Hoher Ochsenkopf immerhin schon 50 % unter Schutz
- dazwischen Privatwaldfläche, daher Nationalpark in zwei Bereiche unterteilt. Aber: Perspektive für Erweiterung der Fläche und Verbindung beider Teile
- 10 062 ha Fläche, entspricht Fläche von Sylt
- ca. 0,3 % der Landesfläche von BaWü, ca. 0,7 % der Waldfläche von BaWü, ca. 3 % des Staatswalds von BaWü

GEOLOGIE, KLIMA UND LEBENSRÄUME

Versteckte Orte entdecken

Geologie

Der Schwarzwald ist eines der ältesten Gebirge Mitteleuropas. Die Grundgebirgseinheiten wurden vor **über 300 Millionen Jahren** deformiert, verfaltet und unter hohen Druck- und Temperaturbedingungen umgewandelt. Wir finden diese Einheiten heute als Gneise vor. Darin drangen im späteren Verlauf der Gebirgsbildung

Granite ein, wie zum Beispiel der Forbach-Granit, der auch im Nationalpark vorzufinden ist. Auf dem Grundgebirge liegen Sedimentgesteine des Deckgebirges, dabei handelt es sich vor allem um meist rote Sandsteine.

Vor etwa 35 Millionen Jahren brach der Oberrheingraben auseinander und trennte die vorher zusammenhängenden Gebirge in den östlichen Schwarzwald und die westlichen Vogesen. Während der Eiszeit schürften Gletscher dann tiefe Furchen in das Gebirge, in denen sich nach dem Abschmelzen vor etwa 12 000 Jahren Wasser sammelte – die Karseen entstanden.

Klima

Im Bereich des Schwarzwalds werden die von Westen kommenden Luftmassen angehoben und abgekühlt. Dadurch kondensiert die über dem Atlantik aufgenommene Feuchtigkeit und fällt als

Niederschlag herab.
Die Niederschläge übersteigen sogar die des wesentlich höheren Südschwarzwalds. Der Grund hierfür ist die westlich vorgelagerte Zaberner Senke. Sie schmälert den Regenstaueffekt der Vogesen sehr deutlich, sodass die feuchten Luftmassen vom Atlantik fast ungehindert den Nordschwarzwald erreichen. Im Mittel fallen hier jährlich 2200 Milimeter Niederschlag, was das Nationalparkgebiet zu einer der **niederschlagsreichsten Regionen Deutschlands** macht.
Viel des Niederschlags fällt als Schnee, so gibt es in den Höhenlagen bis zu 100 Schneetage im Jahr. Auch **Nebel** ist ein ständiger Begleiter bei ca. 180 Tagen im Jahr. Die Jahresmitteltemperatur liegt bei 5° C, wodurch die Vegetationsperiode nur sehr kurz ist. Zudem kommt es oft zu **Inver-**

sionswetterlagen, bei denen es auf den Bergen wärmer als in den Tälern ist.

Lebensräume

Große Flächen des Nationalparks werden von Bergmischwäldern bedeckt, hier wachsen auf dem Buntsandstein vor allem Fichten, Weißtannen und Buchen. Die Böden sind sauer und nährstoffarm und bieten so einen Lebensraum für viele spezialisierte und einige bedrohte Tier- und Pflanzenarten.
Ein weiterer besonderer Lebensraum sind die **Grinden**, mit Heidekraut, Binsen und Pfeifengräsern bewachsene Freiflächen, welche durch jahrhundertelange Viehnutzung entstanden sind. Um diesen für Kreuzottern und bedrohte Insekten und Vögel wertvollen Lebensraum zu erhalten, liegen diese Bereiche in der Managementzone des Nationalparks.
Auch die **Karseen** im Nationalpark bieten einen besonderen Lebensraum für zahlreiche Amphibien, Zwergtaucher und seltene Libellenarten. Was genau Karseen sind, erfährst du auf der nächsten Seite anhand des Huzenbacher Sees.

Autor:in: Raphael Prautzsch, Simon Fuhrmann, Maya Prinz

GEOLOGIE ERLEBEN: TOURENVORSCHLÄGE

Karlsruher Grat in der Nationalparkregion

Vor ca. 300 Millionen Jahren kristallisierte hier in Folge einer Spalteneruption Quarzporphyr aus. Dieses vulkanische Gestein ist im Vergleich zum Nebengestein deutlich härter. Dadurch verwitterte dieser sogenannte Härtling wesentlich langsamer und blieb als schroffer Grat in der Landschaft stehen.

Neben Traubeneichen finden sich hier nur wenige andere höhere Pflanzen wie Felsenbirne und Mehlbeere. Auf den felsigen warm-trockenen Standorten wachsen sonst Heidekraut und Ginster, auf den feuchteren Nordhängen auch Heidelbeeren.

Allerheiligen-Wasserfälle

Auf einer Höhe von ca. 800 Metern ü. NHN (Normalhöhennull) liegt das Deckgebirge dem Grundgebirge auf. Da der Granit des Grundgebirges härter und weniger wasserdurchlässig ist, gibt es auf dieser Höhe auch viele Quellen. Dadurch führt der Lierbach trotz der geringen Fließstrecke hier schon sehr viel Wasser. In Folge des großen Gefälles haben sich anhand rückschreitender Erosion die Allerheiligen-Wasserfälle formen können. Ein härterer Quarzporphyrgang quert den Lierbach und knickt dadurch den Wasserverlauf ab.

Der angrenzende Lebensraum zeichnet sich durch eine hohe Luftfeuchtigkeit und steile Felswände aus. Daher finden sich viele Moose, Algen und Flechten. Besonders auffällig ist hier die gelb leuchtende Schwefelflechte. Mit etwas Glück können in den Felswänden auch Wanderfalken beim Brüten beobachtet werden.

Huzenbacher See

Während der Würmeiszeit bis vor ca. 10 000 Jahren war der Schwarzwald von Gletschern bedeckt. Insbesondere an Nordosthängen konnten sich am Oberhang große Schneemassen ansammeln und durch ihr hohes Gewicht den Fels abtragen. Dabei wurden Geländeformen verstärkt, sodass die Hänge versteilt und der Hangboden muldenförmig ausgetieft wurde. Am Huzenbacher See kann man sehr gut die steilen Karwände und die darunter liegende Mulde erkennen, in welcher sich Wasser ansammelte und einen See bildet. Sonnentau, Torfmoose, zahlreiche Amphibien und seltene Libellen finden hier einen geschützten Lebensraum. Es lohnt sich auch ein Aufstieg zum Seeblick!

Autor:in:
Raphael Prautzsch,
Simon Fuhrmann,
Maya Prinz

ZONIERUNG

DIE 10 062 HEKTAR GROSSE Fläche des Nationalparks ist in drei unterschiedlich stark geschützte Zonen unterteilt:

 ## Kernzone

Die Gebiete der Kernzone sind am stärksten geschützt. Die Flächen werden komplett sich selbst überlassen nach dem Motto „Natur Natur sein lassen". Mehr als 50 % des Nationalparks Schwarzwald sind bereits Teil der Kernzone (Stand 2021).

 ## Entwicklungszone

In der Entwicklungszone darf bis zu 30 Jahre nach der Gründung eines Entwicklungsnationalparks noch eingegriffen und die Waldentwicklung gelenkt werden. Für den Nationalpark Schwarzwald bedeutet das, dass spätestens 2044 drei Viertel der Fläche zur Kernzone zählen müssen.

Managementzone

In der Managementzone greift das Nationalparkteam dauerhaft pflegend und lenkend ein. Dadurch sollen die Biotop- und Artenschutzziele gesichert und die Interessen der angrenzenden Wirtschaftswälder gewahrt werden (z.B. Borkenkäfermanagement). Ebenso liegen die Grindenflächen in der Managementzone, um dieses bedeutende Habitat und Kulturgut zu erhalten.

Quelle:
Nationalpark Schwarzwald

Nationalpark Schwarzwald

Wegekonzept
Wanderwege

ABENTEUER SCHWARZWALD

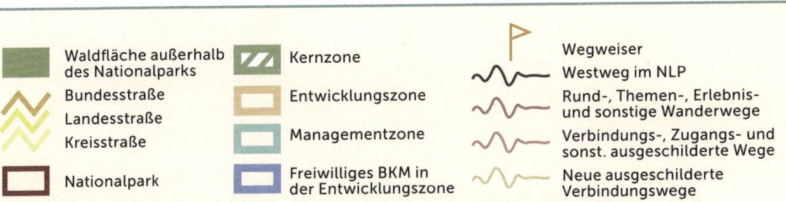

	Waldfläche außerhalb des Nationalparks		Kernzone		Wegweiser
	Bundesstraße		Entwicklungszone		Westweg im NLP
	Landesstraße				Rund-, Themen-, Erlebnis- und sonstige Wanderwege
	Kreisstraße		Managementzone		Verbindungs-, Zugangs- und sonst. ausgeschilderte Wege
	Nationalpark		Freiwilliges BKM in der Entwicklungszone		Neue ausgeschilderte Verbindungswege

GESELLSCHAFTLICHE KONFLIKTE

DIE EINRICHTUNG DES NATIONALPARKS war sehr umstritten. Doch welche Interessengruppen gibt es eigentlich, und was sind ihre Argumente für und gegen den Nationalpark?

Politik

Die Landesregierung wollte einen Beitrag zur Nationalen Strategie zur biologischen Vielfalt leisten, welche die Zielsetzung verfolgte, bis zum Jahr 2020 2 % der Fläche in Deutschland als geschützte Wildnisgebiete zu ernennen. Darüber hinaus erhoffte man sich touristische und wirtschaftliche Impulse für die Region.

Tourismus

Die Vertreter des Tourismus sahen in der internationalen Marke „Nationalpark" eine Chance, den Rückgang der Übernachtungszahlen im Nordschwarzwald abzuschwächen.

Forstwirtschaft

Vor allem die holzverarbeitende Industrie und kleinere Sägereien äußerten wirtschaftliche Vorbehalte. Durch den Wegfall von 10 000 Hektar Waldfläche befürchteten sie eine Verknappung des Rohstoffes Holz und warnten vor dem Verlust von Arbeitsplätzen. In den Gesprächen konnten diese Befürchtungen aber entkräftet werden.

Bevölkerung

Eine Befragung in sieben anliegenden Gemeinden ergab eine Ablehnung von 75 % der Bürgerschaft. Großteile der Anwohnerschaft fürchteten um ihrer Freiheiten und sahen ihr Holz durch den Borkenkäfer bedroht. Es bildete sich auf der einen Seite eine Interessengemeinschaft gegen den Nationalpark, welche sich als Opfer von Wildnisideologen und keine Vorteile in einem Nationalpark sah, da schon genügend Flächen geschützt seien. Auf der anderen Seite bildete sich der Freundeskreis Nationalpark, welcher sich für die Errichtung des Nationalparks einsetzte.

Naturschutzverbände

Die Idee des Nationalparks wurde von den Naturschutzverbänden unterstützt. Sowohl NABU als auch BUND und der WWF sahen im Vorhaben eine große Chance für den Erhalt der Artenvielfalt im Schwarzwald.

Autor: Raphael Prautzsch

Verborgene Schönheit

INTERVIEW
ANWOHNERIN NATIONALPARK

Wie wurdest du als Erstes mit dem Thema konfrontiert?

In Stuttgart waren die durchgestrichenen gelben Schilder „Stuttgart 21" durch den Protest präsent. Auf einmal sind ähnliche Schilder im „konservativen" Schwarzwald grün durchgestrichen mit „Nationalpark" aufgetauchl. Am Tag der Abstimmung zum Nationalpark durch die Landesregierung habe ich mich dem Protest der in der Heimat benachbarten Waldbesitzer in Stuttgart angeschlossen. Direkt gegenüber hat Greenpeace für den Nationalpark Stimmung gemacht. Als Greenpeace-Mitglied schon seit Studententagen haben zwei Herzen in meiner Brust geschlagen. Auf der einen Seite Waldbesitzer und auf der anderen Seite Aktivistin!

Welche Chancen, aber auch welche Herausforderungen bringt die Nähe zum Nationalpark mit sich?

Unsere Wälder grenzen direkt an die Nationalparkgrenze an. Der Borkenkäfer kennt aber keine Grenzen, und wir hatten teilweise schon große Holzeinschläge mit Käferholz, d.h. verminderten Ertrag.

Auf der anderen Seite hat die Nationalparkregion einen enormen Bekanntheitsgrad erfahren. Die Menschen bewegen sich wieder in der Natur und interessieren sich für die unmittelbare Umwelt. Wieder schlagen zwei Herzen in meiner Brust.

Wie soll es deiner Meinung nach weitergehen?

Es ist richtig, dass der Schutzraum z. B. für Wildtiere gewährleistet ist und darauf geachtet wird, dass sich die Menschen auf den Wegen bewegen. Ich unterstütze es jedoch nicht, dass wichtige und auch historische Verbindungen offiziell gesperrt werden. Meine Wünsche für die Zukunft: ein sanfter Tourismus in der Nationalparkregion und eine enge Einbindung der „Einheimischen".

Autorin: Anne Frey

Mystische Nebelstimmung

WANDERUNGEN IM NATIONALPARK SCHWARZ-WALD UND IN DER NATIONALPARKREGION

DIE ZEITANGABEN richten sich nach der reinen motivierten Laufzeit bei guter Form, die Natur kann aber schnell begeistern, und man verweilt etwas länger als geplant an manchen Orten.

Der Wildnispfad

Dauer: ca. 1,5 Stunden
Strecke: 4 km
Höhendifferenz
zum höchsten Punkt: 70 m

Route:
✖ Vom Plättig aus starten und einfach immer den Schildern des Wildnispfads folgen

Lohnt sich, weil:
✖ Der Wildnispfad auf kurzer Strecke viele kleine Abenteuer bereithält

Zum Buhlbachsee

Dauer: 2,5 Stunden
Strecke: 7,14 km
Höhendifferenz
zum höchsten Punkt: 250 m

ABENTEUER SCHWARZWALD

Route:

- Start am Natur- und Sporthotel Zuflucht
- Dem Westweg über die Röschenschanze nach unten folgen. Weiter in Richtung Buhlbacher Läger und dabei die B500 überqueren
- Dem Renchtalsteig hinterher über Lichtengehrensträsschen und Abzweig Seerückenweg auf der nördlichen linken Seite des Spaltbächle entlang
- Den Abzweig zum Buhlbachsee nehmen
- Ein kurzes Stück zurück und dann den steilen Pfad nach rechts oben bis zur B500
- Überqueren und Rückweg zur Zuflucht antreten

Lohnt sich, weil:

- Der Buhlbachsee einer der schönsten Karseen im Schwarzwald ist
- Es auf der Zuflucht leckeres Essen gibt
- Es fast kein ruhigeres Tal als das des Spaltbächle gibt

Hertelbachwasserfälle und Hertahütte

Dauer: ca. 2,5 bis 3 Stunden
Länge: 8,44 km
Höhendifferenz höchster Punkt: 380 m

Route:
- ✖ Start: Bushaltestelle Bühlertal Gertelbachstraße bzw. Wanderparkplatz Gertelbachstraße
- ✖ Wanderschildern Richtung Wasserfälle folgen
- ✖ Wiedenbach entlang
- ✖ An Wasserfällen entlang den Berg hochsteigen
- ✖ Kurzer Stopp am Wiedenfelsen
- ✖ Weiter Richtung Falkenfelsen und Hertahütte
- ✖ Hier lohnt sich Pause mit Aussicht
- ✖ Dann Abstieg zurück zum Ausgangspunkt

Lohnt sich, weil:
- ✖ Wunderschöne Aussichten an Wiedenfelsen und Hertahütte locken
- ✖ Die Wasserfälle spektakulär sind
- ✖ Man auf kleinen, sich schlängelnden Pfaden unterwegs ist
- ✖ Es nicht zu überlaufen ist
- ✖ Es super Fotospots gibt

Karlsruher Grat

Dauer: ca. 4 Stunden
Länge: 11,6 km
Höhendifferenz zum höchsten Punkt: 550 m

Route:
- ✖ Start am Nationalparkzentrum Ruhestein
- ✖ Auf Wanderwegen nördlich vom Vogelskopf laufen
- ✖ Allerheiligenstraße überqueren
- ✖ Weiter bis kurz vor Hauptkamm
- ✖ Hauptkamm bis zum Ende entlang (Achtung! Kein einfaches Terrain. Klettersteig, aber ohne Ausrüstung machbar)
- ✖ Südlich vom Grat wieder bis Einstieg zum Grat zurück
- ✖ Weiter Richtung Kernhofstraße und Brennter Schrofen
- ✖ Abstecher zum Brennter Schrofen
- ✖ Über Almpfadhüttle und altes Lifthäulse zurück zum Nationalpark-Zentrum

Lohnt sich, weil:
- ✖ Man als Abenteurer und Young Explorer im Schwarzwald den Karlsruher Grat mindestens einmal gegangen sein sollte
- ✖ Weil es sich wie ein Kurztrip in die Alpen anfühlt

Von Huzenbach nach Schwarzenberg über den Huzenbacher See

Dauer: ca. 4 Stunden
Strecke: 12,5 km
Höhendifferenz zum höchsten Punkt: 500 m

Route:
- ✖ Start am Bahnhof Huzenbach
- ✖ Den Wegen Richtung Rosshütte folgen
- ✖ Weiter Richtung Kammerlochwasserfall
- ✖ Am Wasserfall über das Wasserfallwegle nach oben steigen und weiter zum Blick über den Huzenbacher See
- ✖ Nach unten zum See absteigen und dem Rundweg um den See folgen
- ✖ Dem Murgleiter-Wanderweg zurück nach Schwarzenberg Bahnhof folgen

Lohnt sich, weil:
- ✖ Der Ostteil vom Nationalpark oft unterschätzt wird
- ✖ Der Kammerlochwasserfall eine recht unbekannte Stelle in der Nähe des Huzenbacher Sees ist

Vom Schliffkopf zu den Wasserfällen

Dauer: ca. 4 Stunden
Strecke: 13 km
Höhendifferenz zum höchsten Punkt: 550 m

Route:
- ✖ Start am Schliffkopfhotel
- ✖ Dem Westweg südlich bis zur Schwabenrankhütte folgen
- ✖ Von dort zur Wahlholzhütte laufen
- ✖ Nach unten ins Lierbachtal und bis zum Eingang von den Allerheiligen-Wasserfällen absteigen
- ✖ An den Wasserfällen entlang bis zur Klosterruine nach oben gehen
- ✖ Dem Renchtalsteig zurück bis zum Schliffkopfhotel folgen

Lohnt sich, weil:
- ✖ Der Schliffkopf und die Allerheiligen-Wasserfälle Highlights im Nationalpark sind
- ✖ Die Tour wunderschöne Aussichten zu bieten hat

FAKTENBOX:
Regeln im Nationalpark
Tierpfade heißen nicht umsonst Tierpfade, bleib auf deinem Pfad! Vor einem Besuch über eventuelle saisonale Wegesperrungen informieren.

In Anlehnung an den Trek 2018

Dauer: 11 Stunden
Strecke: 36 km
Höhendifferenz
zum höchsten Punkt: 1000 m

Route:
- Start am Mummelsee
- Zuerst über den Mummelsee-blick
- Dann weiter über Bismarck-turm zum Dreifürstenstein
- Richtung Seilbelseck die erste Möglichkeit nach links zum Kieneck
- Weiter dem Renchtalsteig hinterher zum Blindsee
- Dem Weg zum Schurmsee folgen, aber nicht dorthin absteigen, sondern an der Schurm-seehöhe nach links abbiegen und von dort aus die Ebers-bronner Brücke absteigen
- Von der Ebersbronner Brücke im Tal bis zum Fuß der Schwarzenbachtalsperre laufen (auch hier schon die Möglichkeit zum Ende der Tour und mit dem Bus weiterzufahren)
- Den Aufstieg nach oben machen und entlang des Stausees nach hinten bis zur Mündung des Seebachs laufen
- Von dort aus über den Herrenwieser See und die Badener

Höhe zum Naturfreundehaus und anschließend zurück nach Sand

Lohnt sich, weil:
- Man mal so ein richtiges Young-Explorers-Feeling haben kann
- Die Strecke auch ohne Dauerstress echt schön ist
  #ehemaligerTrek2018

Mehrtageswanderungen
- Westweg
- Seensteig
- Murgleiter
- Renchtalsteig
- Individuelle Touren von Trekking-Camp zu Trekking-Camp im Nationalpark

Autorin: Lydia Lehmann

DOS & DON'TS
NATIONALPARK

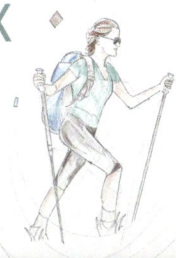

DOs

- Natur bestaunen
- Frische Luft genießen
- Das Abenteuer-Schwarz-wald-Buch lesen
- Das Nationalpark-Zentrum besuchen
- Glücklich sein
- Den Wald entdecken
- Vogelgesang lauschen
- Bäume bestimmen
- Führungen mit Rangern machen
- Die Natur auf sich wirken lassen und einfach mal tief durchatmen
- In Pfützen springen
- Im undurchblickbaren Nebel sich den wohl schönsten Ausblick vor-stellen
- Die Trekking-Camps besuchen und den Natio-nalpark bei Nacht erleben
- Seltene Arten entdecken
- Tiere aus einer angemes-senen Distanz beobachten, ihr wollt ja auch nicht beim Futtern gestört werden
- Manche Orte mit der Herzenskamera festhalten, anstatt wild mit der Kamera draufloszufotografieren

DON'Ts

- Müll liegen lassen
- Pfade / Wege verlassen
- Auf dein Handy starren, glaub mir, hier draußen gibt es einiges zu entdecken …
- Mit dem Ghettoblaster durch die Gegend laufen
- Tiere jagen
- Hunde von der Leine lassen
- Pflanzen / Gräser pflücken
- Füchse mitnehmen
- Im Wildsee baden
- Feuer machen
- Mit dem Auto fahren
- Drohne fliegen
- Wildcamping
- Eine Rave veranstalten
- Sich direkt neben den Auerhahn setzen und sein Vesper mit ihm teilen
- Tiere fangen, stören oder füttern

Der Wald ist ein komplexes Ökosystem, ein Zusammenspiel von unterschiedlichsten Faktoren, die wir als Menschen teilweise nur erahnen können. Ein über die Jahrtausende gewachsenes abgestimmtes und sich stetig wandelndes **Wirkungsgefüge von Umwelteinflüssen und belebter Natur**. In Deutschland ist das Waldsystem sehr von menschlichen Wertvorstellungen geprägt und stark verändert. Der Wald dient vor allem Dienstleistungen wie der Rohstofflieferung, als Erholungsraum oder Luftreiniger. So ist es kaum verwunderlich, dass wir in Deutschland fast keinen Fleck Wald mehr finden, in den der Mensch nicht aktiv eingegriffen hat.

Der Wald wurde zum Forst: aus wirtschaftlicher Sicht zu einem mehr oder weniger klimaneutralen Rohstofflieferanten und aus gesellschaftlicher Sicht aber auch zu einem Rückzugsort vom stressigen Alltag. Dennoch ist er vorrangig ein **Lebensraum für Tier-, Pilz-, und Pflanzengesellschaften,** deren Bedürfnisse teilweise in direkter Konkurrenz zu denen der Menschen stehen. Welche Bedürfnisse vorrangig sind und ob bzw. wie man sie unter einen Hut bekommen kann, ist dabei ein stetiger Aushandlungsprozess, der uns in Zukunft – auch unter Berücksichtigung der Klimakrise – stark beschäftigen wird.

Autor: Patrick Stader

LEBENSZYKLUS BAUM

Die Begriffe Jugendphase, Optimalphase, Altersphase und Zerfallsphase stammen aus der Forstwirtschaft
Die Optimalphase bezeichnet den optimalen Hiebzeitpunkt aus wirtschaftlicher Perspektive. Die meisten Bäume werden lange vor der Hälfte ihres natürlich möglichen Lebensalters (Bsp.: Fichte, durchschnittliches Hiebsalter: 80–100 Jahre, potenziell natürliches Alter: 600–800 Jahre!) dem Wald entnommen. Totholz hat einen großen Wert im Ökosystem Wald. Die Alters- und Zerfallsphase haben eine große Bedeutung für den Erhalt von biologischer Vielfalt, da viele Arten von Tieren, Pflanzen und Pilzen darauf angewiesen sind.

Autorin: Svenja Fox

Vergleich Wirtschafts- und Prozessschutzwald

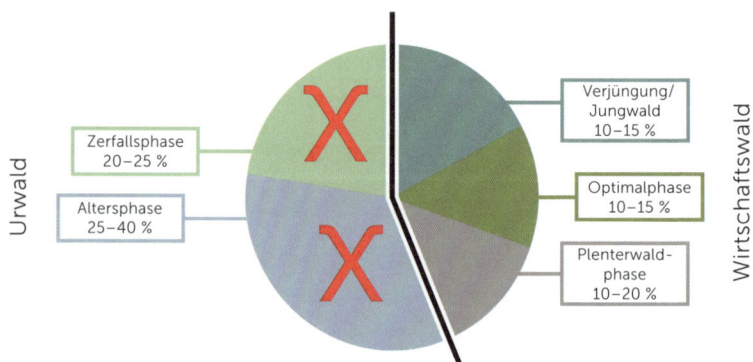

Urwald

Zerfallsphase
20–25 %

Altersphase
25–40 %

Wirtschaftswald

Verjüngung/
Jungwald
10–15 %

Optimalphase
10–15 %

Plenterwald-
phase
10–20 %

NATÜRLICHES WALDBILD EUROPA / DEUTSCHLAND

*Grün, grün, grün sind
alle meine Kleider*

Entwicklung des Waldes

Unsere Vorstellung des Lebenszyklus eines Baumes ist geprägt von der forstwirtschaftlichen Nutzung unserer Waldbestände. Uns sind zu diesem Thema häufig nur außergewöhnlich alte Baumindividuen bekannt. Dabei lässt sich der natürliche Lebenslauf eines Baums grob in **vier Phasen** aufteilen. Die **Jugendphase** beginnt häufig in der Nähe von abgestorbenen Bäumen, da diese durch die Nährstoffzusammensetzung den perfekten Lebensraum für den Nach-

wuchs bieten. In dieser 20 bis 30 Jahre langen Phase keimen und wachsen die Bäume etwa fünf bis zehn Meter hoch. Typisch für die Jugendphase ist, dass die Bäume oft dicht beieinanderstehen aufgrund der hohen freigesetzten Samenmenge der alten Bäume. Daraufhin folgt die **Optimal- oder auch Reifephase**, bei welcher die Bäume die höchste Abwehrkraft gegen Pilze und Insekten besitzen. Zudem werden die Bäume bis zu 50 Meter hoch mit einem Stammdurchmesser von bis zu zwei Metern. Ein Beispiel für diese Entwicklungsphase im Nationalpark Schwarzwald ist die „Großvater-

Jugendphase

tanne" im ehemaligen Bannwald „Wilder See" mit einem Alter von über 200 Jahren. Insgesamt kann diese Phase bis zu 500 Jahre lang dauern.

In der **Altersphase** verliert der Baum langsam seine Vitalität. Seine Äste werden dürrer und brüchiger, und Pilze dringen leichter ein, wodurch das Holz morsch wird. Der Baum bietet mehr Lebensraum für andere Tiere wie Spechte und Käfer. Die Altersphase dauert unterschiedlich lange an und kann von Jahrzehnten bis zu Jahrhunderten variieren.

Die **Zerfallsphase** beginnt, wenn der Baum das letzte Blatt verloren hat. Zuerst sind die Bäume noch stehendes Totholz, fallen aber nach einiger Zeit um. Ihr Holz zersetzt sich und bietet eine Lebensgrundlage für neue Bäume und zahlreiche weitere Organismen. Viele dieser Organismen haben sich im Laufe der Evolution auf gewisse Entwicklungsphasen spezialisiert. Der Nationalpark Schwarzwald bietet Lebensraum für sehr viele Arten, da Bäume allen Alters nebeneinanderstehen. In einem Wirtschaftswald hingegen werden die Bäume nach etwa 100 Jahren gefällt und bieten dadurch weniger Platz für die Artenvielfalt.

Autorin: Emily-Lou Rajsp

Optimalphase

Altersphase

Zeichnerin: © Jule Biggel

Zerfallsphase

Tannen-Buchen-Mischwald

Mischwälder ermöglichen eine **erhöhte Anpassungsfähigkeit** an klimatisch sich ändernde Situationen. Bei einem Ausfall einer Baumart, durch beispielsweise einen Pilzbefall, können die restlichen Arten die Lücken schneller wieder schließen.

Außerdem führen positive Interaktionen zwischen den verschiedenen Baumarten zu einer **stärkeren Resilienz**. Vielfältige vernetzte Ökosystemdienstleistungen sind hierfür der Schlüssel. Besonders bei Tannen-Buchen-

Mischwäldern beobachtet man eine gute Tiefenerschließung der Böden, eine hohe Belastbarkeit bei Witterungsextremen und eine vergleichsweise gute Resilienz gegenüber langfristigen Klimaveränderungen in den natürlichen Verbreitungsgebieten wie in der Schwarzwaldregion. Sie ermöglichen zusätzlich auch eine **hohe Artenvielfalt** durch ihr Mikroklima für Flechten, Pilze, Zwergsträucher und Moose.

Autorin: Fenja Roskam

Monokultur

Das Bundesministerium für Bildung und Forschung (BMBF) definiert Monokultur so: „Bei Monokulturen handelt es sich um den Anbau einer einzigen Pflanzenart (Reinkultur) über mehrere Jahre hinweg auf derselben Fläche."

Die Landwirtschaft ist darauf angewiesen, schnelles, effizientes Bearbeiten von Flächen zu ermöglichen, um die möglichst ertragreichste Ernte zu erlangen. Leidtragende sind hierbei vor allem der Boden und die Tiere. Die Mineralstoffe im Boden werden verbraucht, ohne dass für ein Wiedernachbilden gesorgt wird. Um dieses Ungleichgewicht auszugleichen, wird Dünger eingesetzt, der zu einer **Versauerung der Böden** führt, in unser Grundwasser gelangt und das Insektensterben vorantreibt. **Monokulturen** sind dazu auch anfälliger für Schädlinge, was zu einem erhöhten einseitigen Einsatz von Herbiziden und Pestiziden führt. Aber die Pflanzen und Erreger entwickeln Resistenzen und passen sich wiederum dem hohen Einsatz von Gift an. Eine Artengemeinschaft mit höherer Anzahl verschiedener Arten ist widerstandsfähiger. Die **Artenvielfalt** der Bäume in Mischwäldern bietet Tier- und Pflanzenarten eine breite Palette an ökologischen Nischen und beherbergt daher eine meist große Artenvielfalt. **Mischwälder** sind zudem produktiver als Monokulturen, weil sich Kronen- und Wurzelsysteme in Mischwäldern besser mit Nährstoffen versorgen können.

Die Menschen haben nach Katastrophen oder kompletter Abholzung (etwa im Mittelalter) reine Monokulturen angelegt, um so schnell wieder zu Wald zu kommen. Reine Nadelbäume wachsen in Deutschland sehr gut. Ihr Nachteil: Ihre Streu (Nadeln) kann vom Bodenleben nur schwer zersetzt werden, dadurch wird die Versauerung der Böden (vor allem bei Monokulturen aus Nadelbäumen) verstärkt.
Alternativ kann man Mischwälder anlegen, aber das ist eine **Generationenaufgabe**. Waldkulturen brauchen Zeit. Dennoch: „Fest steht, dass der Anteil der Reinbestände in Zukunft komplett abnimmt", sagt Jens Düring vom Bund der Forstleute (BDF). Die Bundesregierung hat sich in der „Anpassungsstrategie an den Klimawandel" sowie in der „Waldstrategie 2020" zum Ziel gesetzt, die Baumartenvielfalt der Wälder

zu erhöhen, heißt es auch beim Umweltbundesamt. Einen konkreten Zielwert gibt es jedoch nicht. Der Anteil des Mischwalds mit vielen Baumarten sollte deshalb weiter steigen. Allerdings wird der Waldumbau noch Jahrzehnte dauern.

Alternativen:

✖ **Mischkulturen:** Anbauen verschiedener Sorten, welche nicht um Nährstoffe konkurrieren und sich stattdessen gegenseitig schützen und Symbiosen bilden
✖ **Agroforst:** Eine Mischung aus Agrar- und Forstwirtschaft, bei der die Bäume genug Platz haben und beispielsweise der Tau durch die größeren Baumabstände bis auf den Boden gelangen und die Bodenpflanzen mit Wasser versorgen kann
✖ **Permakultur:** Eine Art sich selbst regulierendes System im Garten
✖ **Aquaponik:** Die Kombination von Fisch- und Pflanzenzucht, wobei das Wasser wichtige Nährstoffe enthält und ein sehr geringer Wasserverbrauch zu verzeichnen ist

Autorin: Jasmin Silcher

STÜRME

KEINE NATURGEWALT hat es geschafft, den Schwarzwald und seine Entwicklung so zu prägen wie die großen Orkane der letzten Jahrzehnte. Besonders Lothar und Wiebke, aber auch Kyrill hinterließen **eine Schneise der Verwüstung**. Viele der damals stehenden Bäume wurden wie Streichhölzer umgeknickt oder entwurzelt. Die Schäden für die Waldwirtschaft waren immens, und das Bild des Waldes hatte sich innerhalb weniger Stunden komplett verändert. Gleichzeitig waren diese Stürme aber auch eine Chance: Die zuvor vorherrschenden Fichten-Monokulturen, die den Stürmen zum Opfer fielen, wurden teilweise durch standortgerechte Mischwälder aufgeforstet, wodurch stabilere und strukturreichere Wälder entstehen konnten. An einigen Stellen wurden Fläche so belassen, wie sie von den Stürmen hinterlassen wurden. Hier kann man noch heute beobachten, wie sich ein Wald auf natürliche Weise von solchen Ereignissen erholt und welche Effekte das auf den Wald und seine Bewohner hat.

Wiebke

Mit 160 km/h riss Wiebke 15 Millionen Kubikmeter Sturmholz alleine in Baden-Württemberg um, so viel wie nie zuvor. Fichten waren besonders vom Sturm betroffen, somit mussten 23 000 Hektar Waldfläche neu bepflanzt werden. Aufgrund der schlechten Widerstandsfähigkeit von Fichten-Monokulturen wurde nach Wiebke (28.2.1990) vor allem auf Mischwälder gesetzt, eine Trendwende in der Forstwirtschaft.

Lothar

Am 26.12.1999 fegte Lothar mit über 200 km/h über Südwestdeutschland sowie die Schweiz und Frankreich. Europaweit wurden 200 Millionen Festmeter Holz umgerissen, alleine in Baden-Württemberg gab es 30 Millionen Kubikmeter Sturmholz (dreifacher Jahreseinschlag) und 40 000 Hektar Kahlfläche.

FAKTENBOX:
Die Namensgebung von Stürmen ist eine Recherche wert ...

Kyrill

Vor allem Nordrhein-Westfalen spürte die Kraft von Kyrill, der am 18.1.2007 mit 200 km/h über die Landschaft fegte. Der Sturm verursachte im Schwarzwald einen verhältnismäßig geringen Schaden von ca. 500 000 Kubikmeter Sturmholz, hinterließ jedoch einen prägenden Eindruck von Zerstörung.

Der Lotharpfad

Der Lotharpfad ermöglicht den Besuchern das Erleben der Sturmschäden. Umgeworfene Bäume, Leitern, Treppen und Steige begleiten den Erlebnispfad. Der Weg wurde 2003 eröffnet, zieht sich über 1,1 Kilometer und dauert ca. 30 Minuten. Der Beginn ist am Parkplatz an der B500 zwischen Zuflucht und Schliffkopf. Von dort aus tritt man auf den Bohlenweg, der sich fast über die ganze Strecke zieht. Auf der Holzplattform auf der Hälfte der Strecke hat man einen wunderschönen Blick vom Renchtal bis zu den Vogesen.

Autorin: Lydia Lehmann

Da sieht man den Wald vor lauter Bäumen nicht …

INTERVIEW ACHIM LABER RANGER IM SCHUTZ-GEBIET FELDBERG

Was genau passiert in den Wäldern heute und wird vermutlich in den nächsten 100 Jahren passieren?

Momentan mache ich mir Sorgen um die sehr naturnahen Wälder, die nur noch ganz vereinzelt im Schwarzwald vorkommen. Mit dem Ziel, die Wälder klimaresilient zu machen, bringt der Forst in fast allen Wäldern nichtheimische Baumarten ein, die in der Lage sein werden, die heimischen Baumarten in den nächsten Jahrhunderten zu verdrängen. Insbesondere aus Amerika stammende Baumarten wie die Douglasie oder die Roteiche machen mir da Sorgen. Ihre Samen werden auf unterschiedlichen Wegen oft kilometerweit transportiert. Damit siedeln sich diese Bäume auch in den letzten naturnahen Wäldern

an, die zum Teil als Bannwälder einen besonders strengen Schutz genießen. Da in diesen Bannwäldern nicht mehr eingegriffen werden darf, werden wir selbst in diesen einzigartigen Reservaten beobachten müssen, wie die konkurrenzstarken Arten die heimischen Baumarten verdrängen werden.

Weshalb liegt dir dieses Thema so am Herzen?

Mir liegt dieses Thema so am Herzen, weil ich die naturnahen Wälder als ganz wesentlichen Teil unseres europäischen Naturerbes sehe, das es gilt, auch für kommende Generationen zu erhalten.

Wie geht ihr dagegen vor? Warum muss man an der Situation etwas ändern?

Ich sehe momentan leider nur wenige Initiativen, die sich diesem Problem stellen. In erster Linie ist hier der deutsche Staat als großer Waldbesitzer in einer immensen Verantwortung. Es gibt auch heimische Baumarten, die an höhere Temperaturen und Trockenheit angepasst sind. Mit diesen Arten sollte vor allem im Staatswald stärker gearbeitet werden.

Kann man als Bürger etwas dagegen tun?

Auch unser riesiger Holzbedarf in Mitteleuropa führt dazu, dass der Ruf nach ertragreichen Baumarten von anderen Kontinenten immer größer wird. Jeder von uns hat die (bescheidene) Möglichkeit, durch einen sparsamen Umgang mit Ressourcen den Holzbedarf nicht noch weiter anzuheizen. Sehr bedenklich ist aus meiner Sicht, dass der geplante Verschleiß auch vor Holzprodukten nicht haltmacht. Dazu ein praktisches Beispiel: Unsere Gartenbank aus den 20er Jahren steht noch immer. Sie war so verarbeitet, dass sie die letzten 100 Jahre überlebt hat. Auch die Holzart war für diesen Einsatz gut gewählt! Kauft man

sich heute eine Holzbank in einem der großen Möbeldiscounter, muss man hoffen, dass sie nicht schon nach fünf Jahren unter der Last der Nutzer zusammenbricht. Wir haben eine große Verantwortung unserem europäischen Naturerbe gegenüber. Dieser Verantwortung müssen wir uns wieder stärker bewusst werden.

Autor: Achim Laber

„Jeder von uns hat die Möglichkeit, durch einen sparsamen Umgang mit Ressourcen den Holzbedarf nicht noch weiter anzuheizen."

PILZE

PILZE BILDEN eine **eigene Organismusklasse** neben den Pflanzen, Tieren und Einzellern, aber sind dennoch am nächsten mit den Tieren verwandt. Es wird geschätzt, dass es bis zu **5 Millionen** verschiedene Pilzarten gibt! Im allgemeinen Sprachgebrauch ist meist nur der Fruchtkörper gemeint, wenn vom „Pilz" gesprochen wird, aber der viel größere Bestandteil befindet sich als feines **fadenförmiges Zellgeflecht** im Boden. Dabei darf man seine mögliche Größe nicht unterschätzen: Der größte Pilz der Welt erstreckt sich über 9 Quadratkilometer. Das entspricht ca. 1200 Fußballfeldern!

Pilze sind zum einen ein **wichtiger Teil unseres Ökosystems,** und zum anderen schmecken sie unfassbar gut – besonders, wenn sie frisch aus dem Wald gesam-

Bäume sind durch das ausgedehnte Myzel – Zellgeflecht – eines Pilzes miteinander verbunden.

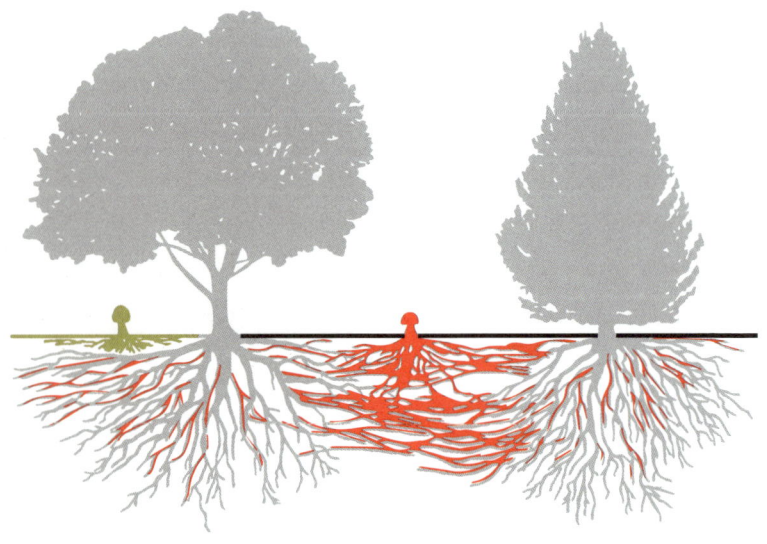

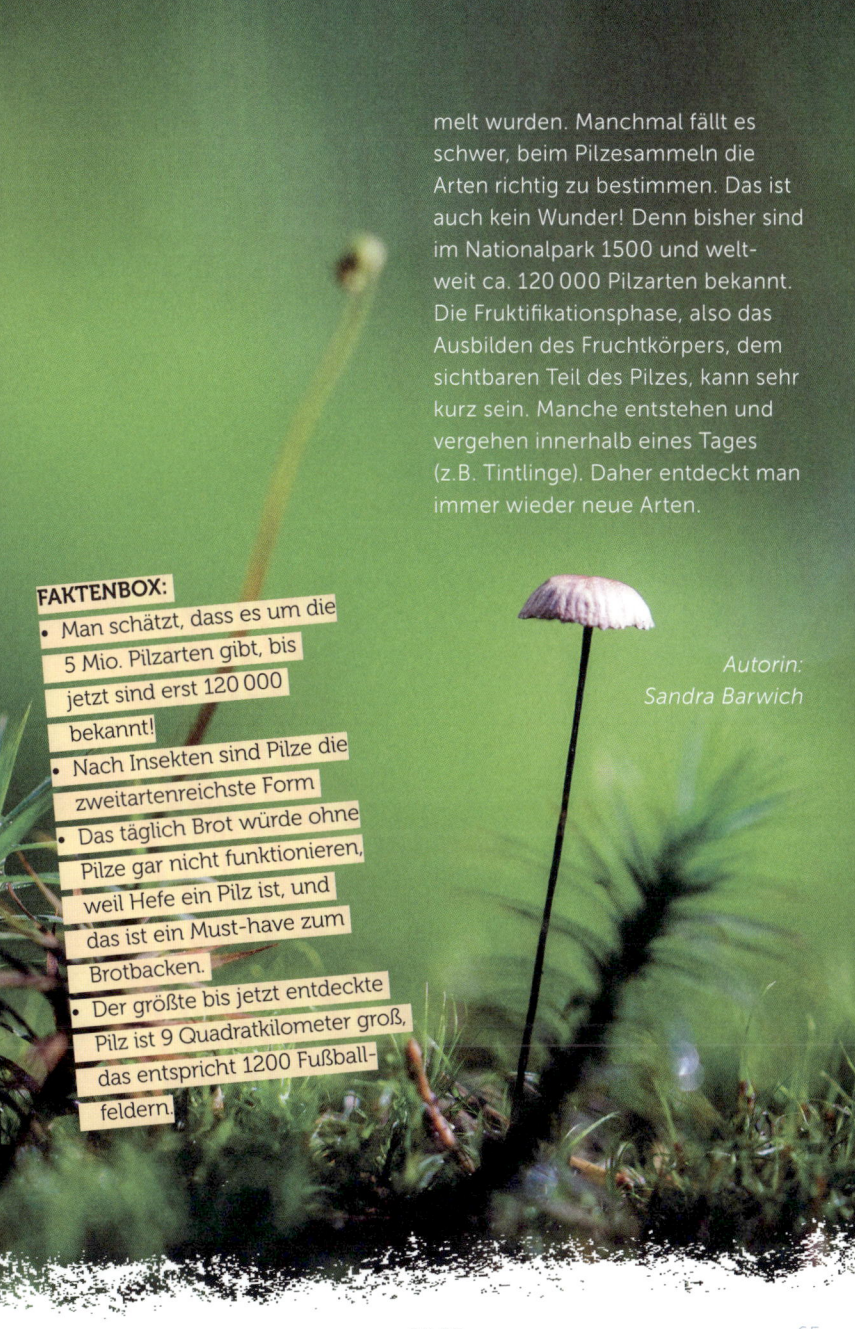

melt wurden. Manchmal fällt es schwer, beim Pilzesammeln die Arten richtig zu bestimmen. Das ist auch kein Wunder! Denn bisher sind im Nationalpark 1500 und weltweit ca. 120 000 Pilzarten bekannt. Die Fruktifikationsphase, also das Ausbilden des Fruchtkörpers, dem sichtbaren Teil des Pilzes, kann sehr kurz sein. Manche entstehen und vergehen innerhalb eines Tages (z.B. Tintlinge). Daher entdeckt man immer wieder neue Arten.

FAKTENBOX:

- Man schätzt, dass es um die 5 Mio. Pilzarten gibt, bis jetzt sind erst 120 000 bekannt!
- Nach Insekten sind Pilze die zweitartenreichste Form
- Das täglich Brot würde ohne Pilze gar nicht funktionieren, weil Hefe ein Pilz ist, und das ist ein Must-have zum Brotbacken.
- Der größte bis jetzt entdeckte Pilz ist 9 Quadratkilometer groß, das entspricht 1200 Fußballfeldern.

Autorin:
Sandra Barwich

Der Pilzexperte

INTERVIEW FLAVIUS POPA RANGER

Ist dafür verantwortlich, alle Pilze im Nationalpark Schwarzwald zu entdecken!

Pilze sind keine Pflanzen?
Das stimmt! Viele denken bis heute, dass Pilze Pflanzen sind. Die nächsten Verwandten der Pilze sind die Tiere. Wir hatten also einen gemeinsamen Vorfahren mit den Pilzen.

Warum haben die meisten noch nie einen wirklichen Pilz gesehen?
Die meisten gehen davon aus, dass der Fruchtkörper, also der Hut mit dem Stiel, *der* Pilz wäre. Dabei ist der größte Teil vom Pilz im Substrat. Pilze sind nicht nur im Boden, sie können so gut wie auf allem wachsen, es gibt sogar Arten, die Plastik abbauen können. Was sie abbauen, parasitieren oder

mit wem sie eine Symbiose eingehen, hängt von der Pilzart ab.

Dein Lieblings-Fact über Pilze?
Über 90 % aller Pflanzen weltweit haben an ihren Wurzeln Pilze, und die meisten Pflanzen würden ohne diese Pilze nicht klarkommen.

Fliegenpilz

Zudem hat man herausgefunden, dass sich die Bäume quasi mittels der Pilze unterhalten. Ein Pilz kann mehrere Bäume miteinander verbinden, und wenn eine Pflanze z.B. von einem Tier angefressen wird, produziert sie Stresshormone, die über die Wurzeln und das Pilzmyzel zu anderen Pflanzen gelangen können. Diese können ihr Immunsystem daraufhin hochregulieren und sich so gegen einen Befall besser schützen. Tatsächlich gibt es bis heute nur wenige geschützte Arten, denn im Naturschutz spielen sie kaum eine Rolle. Es gibt somit eine sehr große Diskrepanz zwischen der Artenvielfalt, der Ökosystemfunktion und dem Schutz.

Autor: Flavius Popa

Birkenpilz

TIERE

Wälder sind vielseitige und faszinierende Ökosysteme und bieten vielen Tausenden Tierarten einen Lebensraum. Ein Wald wird auch häufig mit einem mehrstöckigen Haus verglichen, bei dem sich jedes Stockwerk durch unterschiedliche abiotische Faktoren wie Sonneneinstrahlung oder Temperatur auszeichnet. Im „Keller", der Wurzelschicht, leben Regenwürmer und kleine Organismen. Das „Erdgeschoss" bietet mit der Bodenschicht **Lebensraum für Pilze, Insekten, Spinnen und Reptilien**. In der „ersten Etage", der Krautschicht, findet man durch Blütenpflanzen viele Bienen, Wespen und Käfer, aber auch einige Säugetiere wie Hasen und Füchse.

Die „zweite Etage" ist die Strauchschicht, welche bis etwa fünf Meter hoch ist. In ihr nisten viele Vögel, und man findet auch Rehe. Das „Dachgeschoss" ist die Baumschicht, die vor allem Vögeln einen Lebensraum bietet.

Die Wälder sind auf die Tierarten angewiesen, denn sie übernehmen wichtige Funktionen. In diesem Kapitel stellen wir euch die verschiedensten Tierarten vor, die so einiges Cooles zu bieten haben.

Autorin: Emily-Lou Rajsp

FAKTENBOX:
Im Nationalpark wohnt
- der schnellste Vogel der Welt (Wanderfalke: bis zu 320 km/h im Sturzflug)
- die kleinste Eule Europas (Sperlingskauz: 16–19 cm)
- auch ein giftiger Bewohner (Kreuzotter)

DER BORKENKÄFER

Steckbrief

- ✖ Insgesamt gibt es über 6000 Borkenkäferarten, in Europa leben ca. 150 davon
- ✖ Größe: ca. 4,5 mm
- ✖ Vermehrung ca. 1–3 Generationen mit jeweils 100–500 Nachkommen pro Jahr
- ✖ Borkenkäfer sind kälteresistent und überwintern im Bodenbereich
- ✖ Ein Borkenkäfer kann bis zu zwei Jahre alt werden
- ✖ Borkenkäfer kommen weltweit an allen Laub- und Nadelbäumen vor

Verschiedene Arten

Je nach Brutraum werden Borkenkäfer in Rinden- und Holzbrüter unterschieden. Die Artenbestimmung ist meistens schon durch den Ort des Befalls und das Muster der Fraßgänge möglich. Holzbrüter lassen Bäume nicht absterben, mindern aber ihren Wert durch die verfärbten Gänge im Holz. Viele Borkenkäferarten sind auf eine bestimmte Baumart spezialisiert, manche haben jedoch ein breites Spektrum von Wirtsbaumarten. Für Fichtenbestände sind besonders die Buchdrucker, Kupferstecher und der gestreifte Nutzholzborkenkäfer relevant. Insgesamt gibt es eine Zunahme der Befallsgefahr durch den Klimawandel, da durch den Wassermangel als Folge der Erderwärmung nur eine verminderte Harzproduktion stattfinden kann und dadurch ein wichtiger Schutzmechanismus fehlt bzw. geschwächt ist. Daher profitieren die Borkenkäfer von den Auswirkungen des Klimawandels.

Wie wird ein Baum befallen?
Die Borkenkäfer befallen in der Regel einen Baum in der Nähe ihres Geburtsorts. Ein sogenannter Pionierkäfer bohrt sich in die Rinde, legt eine Rammelkammer an und sendet Pheromone (Botenstoffe) aus, um Artgenossen anzulocken. Nach der Paarung legen Weibchen die Eier entlang des Muttergangs ab, und die Larven fressen sich nach dem Schlüpfen horizontal durch die Rinde und verpuppen sich. Die betroffenen Bäume können absterben, weil die Käfer(larven) beim Fressen die für den Baum lebenswichtigen Leitungsbahnen für Nahrung und Wassertransport durchtrennen.

Wie / wann wird kontrolliert?
Wälder werden von Frühjahr bis etwa September auf Borkenkäferbefall kontrolliert, in älteren Beständen wird Baum für Baum kontrolliert. Allgemein werden

Baum mit Borkenkäferbefall

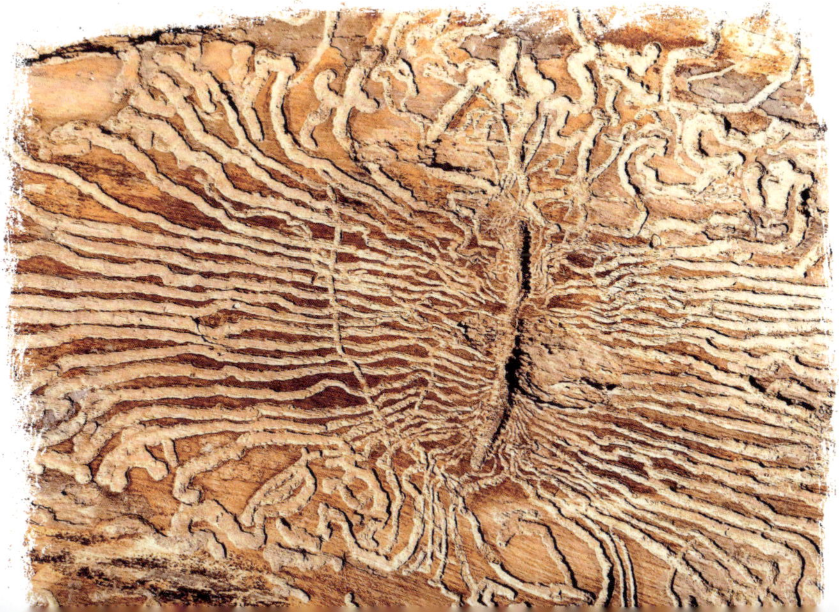

insbesondere gefährdete Gebiete streng überwacht, das sind beispielsweise Waldstücke, in denen Sturmwurf stattfand, angerissene Bestände, südlich exponierte Flä-

Mittagssnack besorgen

chen und Flächen mit Vorjahresbefall. Kennzeichen von Befall sind Fraßbilder unter der Rinde und Abfall von Nadeln.

Natürliche Feinde des Borkenkäfers

* Fichte selbst (Abwehrmechanismen wie Harzfluss)
* Ameisenbuntkäfer, Spechte
* Parasitoide (Schlupfwespen)
* Krankheitserreger wie Pilze

Abwehrmöglichkeiten

Monokulturen fördern die Vermehrung von Borkenkäfern; geschwächt wird sie durch lichte Wälder, sodass die Bäume weniger in Konkurrenz zueinander stehen, oder durch Mischwälder, da nicht jeder Borkenkäfer jeden Baum besiedelt. Die beste Abwehr bietet ein **Mischwald** dank eigener Abwehrmechanismen wie Harzfluss.

Borkenkäfer im Nationalpark

Im Nationalpark Schwarzwald leben **40 verschiedene Borkenkäferarten**, wirtschaftlich relevant ist insbesondere der „Buchdrucker" oder der achtzähnige Fichtenborkenkäfer. Da in den Kernzonen des Nationalparks nicht eingegriffen wird, gibt es an den Randgebieten des Nationalparks einen 500 Meter breiten Pufferstreifen, in dem Borkenkäfermonitoring stattfindet. Das bedeutet, dass Bäume regelmäßig kontrolliert und befallene Bäume gefällt und aus dem Bestand entfernt werden, um benachbarte (forstwirtschaftliche) Wälder zu schützen.

Bedeutung des Borkenkäfers für das Ökosystem

Borkenkäfer sind Teil des Ökosystems und haben eine wichtige Rolle darin. Sie sorgen für die Rückführung von geschwächten und toten Bäumen in den Nährstoffkreislauf, sodass sich in toten Baumstämmen neue Organismen ansiedeln können wie Bockkäfer oder Waldbienen. Der Borkenkäfer trägt also dazu bei, Lebensraum für andere Arten zu schaffen, und fördert natürliche Waldstrukturen. Wenn ihre Lebensbedingungen jedoch sehr ideal und die Bäume geschwächt sind, können **bei starker Vermehrung** große Waldgebiete unter dem Befall leiden und teilweise absterben.

Autorin:
Emily-Lou Rajsp

FAKTENBOX:
Insektenforscher Jörn Bluse testet eine neue Laufkäfer-App (wird seit 2019 im Rahmen einer Programmausschreibung des Landesministeriums für Umwelt, Klima und Energiewirtschaft Baden-Württemberg entwickelt), welche bald veröffentlicht wird. Mit Hilfe der App können Käfer bestimmt und gemeldet werden, und die Nutzenden erhalten Informationen über die Käferart. Die App soll bei der Datenerhebung über die räumliche und zeitliche Verbreitung von Käferarten helfen und Interessierte mit Informationen versorgen.

Ein Blick unter die Rinde

DER AUERHAHN

Steckbrief

* ✖ 60–90 cm groß
* ✖ Sehr scheu und störungsempfindlich
* ✖ Mittlerweile stark geschrumpfte Population, ist in Deutschland vom Aussterben bedroht
* ✖ Imposantes Balzverhalten des Männchens
* ✖ Größter europäischer Hühnervogel, Weibchen sind etwa ein Drittel kleiner als Männchen.
* ✖ Männchen: dunkel mit leicht bläulichem Schimmer,
* ✖ Weibchen: dunkel- bis rotbraun mit schwarzen und weißen Flecken
* ✖ Weibchen kümmern sich alleine um die Aufzucht der Jungen
* ✖ Auerhühner leben in strukturierten Nadelwäldern in Bergregionen und benötigen eine ausgeprägte Bodenvegetation, Ameisennester und häufig Heidelbeeren
* ✖ Gefährdet wird das Auerhuhn durch intensive Forstwirtschaft und Störung im Winter durch Wintersportler, die die Wege verlassen
* ✖ Auerhühner leben ganzjährig in ihrem Habitat
* ✖ Sie ernähren sich von pflanzlicher Nahrung wie Beeren und Knospen, im Winter auch von Kiefern- und Tannennadeln; teilweise auch von Käfern und Ameisen
* ✖ Gehören zu den Raufußhühnern

Arten- und Biotopschutz

Von den in Deutschland einheimischen Tierarten sind 34 %, von den Pflanzenarten 26 % bestandsgefährdet. Viele Arten sind durch die Folgen des menschlichen Verhaltens (Landnutzungsänderungen, Umweltverschmutzung, Klimawandel und vor allem durch sich änderndes Freizeitverhalten) bedroht. Der Artenschutz soll die Vielfalt an Pflanzen und Tieren bewahren und den **Artenschwund** stoppen, dabei müssen jedoch nicht nur die Tiere selbst, sondern auch ihre Lebensräume geschützt werden (Biotopschutz). Der Biotopschutz rückt also den Erhalt von Ökosystemen und Lebensräumen in den Fokus. Die Nachhaltigkeit des Naturhaushalts soll gesichert und Artenschutz zudem mit wirtschaftlichen Interessen in Einklang gebracht werden. Verschiedene Maßnahmen zum Artenschutz müssen auf internationaler, nationaler, regionaler und lokaler Ebene getroffen, naturverträgliche Nutzungskonzepte erarbeitet werden.

Grindenpflege

Grinde bedeutet „kahler Kopf" und ist die Bezeichnung für baumfreie Feuchtheiden auf den abgeflachten Bergrücken des Schwarzwalds. Die Grinden bedecken etwa **3 %** des Nationalparks Schwarzwald und werden mit Rindern, Ziegen und Schafen beweidet. Sie sind im Mittelalter, als Menschen einen zunehmend größeren Bedarf an Holz und Weidefläche hatten, durch Abholzung und Brandrodung sowie Beweidung entstanden. Die Beweidung führte zu Nährstoffentzug und Bodenverdichtung, wodurch sich Moore bildeten. Als die Beweidung aufhörte, bestand die Gefahr, dass die Flächen zuwachsen, was problematisch ist für Lebewesen, die dieses Habitat benötigen wie z. B. die Kreuzotter und der seltene Wiesenpieper. Heutzutage werden die Grinden durch Pflegemaßnahmen und gezielte Beweidung erhalten. Der Arten- und Biotopschutz steht somit über dem Prozessschutz in der Managementzone.

Autorin:
Emily-Lou Rajsp

DER AUERHAHN

Abenteurer in freier Wildbahn

INTERVIEW JOSHI NISHELL
WILDTIER-FOTOGRAF UND FILMER

Wie sieht dein Filmalltag aus?

Der geht mit dem Stand der Sonne mit. Je früher die Sonne aufgeht, desto früher stehe ich auch auf. In der Regel bin ich etwa eineinhalb Stunden vor Sonnenaufgang draußen. Ab 30–45 Minuten vor Sonnenaufgang kann ich dann anfangen, erste Aufnahmen zu machen. Wenn es ein sonniger Tag wird, gehe ich meistens schon eine Stunde nach Sonnenaufgang wieder, weil das Licht dann zu hart ist. Wenn es aber bewölkt ist, bleibe ich teilweise den ganzen Tag und versuche, auch noch andere Arten zu fotografieren. Ich fotografiere vor allem in der Morgendämmerung, weil ich die Tiere in weichem Licht ablichten möchte und sie zu dieser Zeit auch am aktivsten sind. Geschlafen wird dann vor allem mittags.

Der Schlafmangel macht sich aber nicht bemerkbar, wenn ich im Tarnzelt sitze und auf ein Tier warte: Man ist dann permanent konzentriert, weil es meistens nur wenige Sekunden gibt, in denen was passiert. Dadurch bin ich total präsent und mit vollem Bewusstsein da. Das macht es für mich auch aus.

Wie findest du die Tiere?

Das ist eigentlich der größte Teil der Arbeit. Ich konzentriere mich auf Vögel und Säugetiere und beschäftige mich viel mit ihrer Lebensweise und lerne bei Vögeln zum Beispiel die Stimmen auswendig. Aber man muss auch aufpassen, weil man z.B. einen Fuchs nahe am Fuchsbau findet, und wenn die Tiere sich gestört fühlen, ziehen Füchse auch schnell um. Das bedeutet dann viel Stress für die Tiere, was ich natürlich vermeiden will. Deshalb muss man bestmöglich den Punkt abpassen, an dem man die Tiere gut finden, aber gleichzeitig den Störfaktor minimieren kann. Ich beobachte dann erst mal aus der Ferne und nähere mich langsam. Um nicht aufzufallen, nutze ich ein Tarnzelt und einen Volltarnanzug. Da erschrecken sich dann auch die Fußgänger regelmäßig, wenn ich aus dem Busch komme. Ansonsten versuche ich, im Dunkeln zu kommen und auch wieder zu gehen, sodass die Tiere es nicht bemerken. Ich habe auch immer Seifenblasen dabei, um die Windrichtung zu checken, wenn ich Säugetiere fotografieren möchte, denn wenn man nicht gegen den Wind läuft, wittern sie einen schnell. Ich habe auch sehr offene Sinne, und meine Augen wandern durchgehend von links nach rechts, und ich habe die Ohren gespitzt. So habe ich auch schon mal z.B. unverhofft eine Spechthöhle mit jungen Grünspechten gefunden. Was auch sehr hilft, ist, mit der lokalen Bevölkerung zu reden, ob und wo sie die bestimmte Art mal gesehen haben. Naturfotografie kann still und alleine funktionieren, aber es ist auch schön, mit Menschen über die Tiere zu reden und ihnen vielleicht am Ende sogar ein Bild von dem Tier zu zeigen.

Was ist deine Motivation dabei?
Ich filme und fotografiere Tiere, um meine persönliche Begeisterung für die Natur weiterzugeben, und meine Intention ist, anderen Menschen die Augen zu öffnen und die Sinne zu weiten – sodass man rausgeht und die Natur bewusster wahrnimmt.

Was begeistert dich an der Tierfotografie?
Mich begeistert die Begegnung mit den wilden Tieren. Wir Menschen haben eine große Distanz zwischen Tier und Mensch aufgebaut, und es fühlt sich sehr besonders an, Auge in Auge mit dem anderen Tier und voll präsent zu sein. Die Perfektion der Natur zu sehen, fasziniert mich auch. Wenn ich zum Beispiel einen Eisvogel oder Grünspecht sehe, ist da so viel Perfektion, und die versuche ich festzuhalten.

Autorin: Emily-Lou Rajsp

DER DREIZEHENSPECHT

Steckbrief

× Hat nur drei Zehen statt vier wie die meisten anderen Vögel, zwei vorne, eine hinten

× Hat ein schwarz-weißes Gefieder

× Kein Rot im Gefieder, lässt sich dadurch gut vom Buntspecht unterscheiden

× 21–24 cm groß

× Ist relativ zutraulich

× Ganzjährig in Deutschland

× Hat einen hellen Bauch

× Männchen kennzeichnen sich durch einen leicht gelben Scheitel, Weibchen haben einen schwarz-weißen Scheitel

× Kann bis zu acht Jahre alt werden

Lebensraum

Der Dreizehenspecht lebt in Nadel- oder Mischwäldern und vor allem alten Bergwäldern meist oberhalb von 1200 Metern. Er benötigt einen Totholzanteil von mindestens 5 %, weil er in selbst gezimmerten Höhlen, meist in abgestorbenem Holz, brütet. Der Dreizehenspecht ist von Skandi-navien, Polen, Russland bis nach Japan verbreitet.

Nahrung

Dreizehenspechte ernähren sich von Käfern (gerne auch von Borkenkäfern) und deren Larven, wobei sie die Rinde von toten Fichten entfernen, um an Nahrung zu gelangen. Sie essen bis zu

200 Käferlarven am Tag. Zudem ist Baumsaft Teil ihrer Ernährung, dafür hacken sie Löcher in die Rinde.

Gefährdung

Durch die Erschließung und Rodung von Bergwäldern geht wichtiger Lebensraum verloren. Daher steht der Dreizehenspecht auch auf der Roten Liste Baden-Württembergs und kommt dort kaum mehr vor. Im Nationalpark Schwarzwald findet ein Dreizehenspecht-Monitoring statt.

Verhalten

Der Dreizehenspecht ist tagaktiv, und die Vogelpaare bleiben oft jahrelang zusammen. In der Paarungszeit legt das Männchen die Bruthöhle an, wobei er bis zu zwanzigmal pro Sekunde mit dem Schnabel auf den Baum schlagen kann, und das Weibchen legt drei bis fünf Eier. Die Brutzeit beträgt zwölf bis vierzehn Tage, wobei sich Männchen und Weibchen ablösen. Die Vogeljungen werden nach dem Schlupf noch bis über zwei Monate gefüttert.

Autorin: Emily-Lou Rajsp

Futtersuche unter der Rinde

DER SPERLINGSKAUZ

Steckbrief

- ✖ Steckbrief
- ✖ Kleinste europäische Eule mit 19 cm Körpergröße
- ✖ Braunes Gefieder an der Oberseite
- ✖ Unterseite weißlich, braune Brust, dünn gestreifter Bauch
- ✖ Hat zwei weiße Überaugenstreifen
- ✖ Männchen wiegen ca. 60 g, Weibchen ca. 70 g
- ✖ Flügelspannweite zwischen 35–38 cm
- ✖ Kann bis zu 12 Jahre alt werden

Verhalten

Der Sperlingskauz lebt als Einzelgänger ganzjährig in Deutschland, in der Paarungszeit brütet er in Baum- und alten Spechthöhlen, legt vier bis sieben Eier und brütet diese etwa 27–30 Tage. Er kann auch durch seinen markanten Ruf, der sich wie ein langgezogenes „Tsiiiiih" anhört, entdeckt werden. Sperlingskauze sind überwiegend in der Dämmerung aktiv und fliegen schnell und über lange Strecken in spechtartigem Wellenflug. Die Beute wird von oben beobachtet und am Boden geschlagen, indem sie mit den Fängen gepackt und durch einen Genickgriff getötet wird. Der Nationalpark betreibt Monitoring des Sperlingskauzes.

Lebensraum

Der Sperlingskauz wohnt vorwiegend in Bergregionen, ist teilweise

jedoch auch im Flachland anzu-
treffen. Er ist von Gebirgen in Mit-
tel- und Osteuropa bis nach Skan-
dinavien und Ostasien verbreitet
und bevorzugt Nadel- und Mischwälder mit Altholzbeständen. Für
sein Jagdverhalten benötigt er
offene Flächen, deshalb sind der
Erhalt von Waldlichtungen, Moo-
ren und Höhlenbäumen sowie
die nachhaltige Sicherung und
der Schutz von Altholzbeständen
förderlich für die Verbreitung des
Sperlingskauzes. In Deutschland
gilt der Sperlingskauz nicht als
gefährdet.

Autorin: Emily-Lou Rajsp

FAKTENBOX:
Sperlingskauze haben
eine Wohnhöhle und
eine „Gefriertruhe", in der
sie Mäuse lagern. In den
Wintermonaten holen sie
die gefroren Mäuse raus
und tauen sie unter ihrem
Gefieder auf.

Ich sehe dich, ja genau DICH!

DER LUCHS

Steckbrief

✖ Bis zu 5 cm lange Haarpinsel an den Ohrenspitzen und Backenbart, hervorragendes Hörvermögen

✖ Einzelgänger

✖ Vom Aussterben bedroht

✖ Gewicht: 20–25 kg, Alter: bis zu 25 Jahre, Geschwindigkeit: kurzweilig bis zu 70 km/h

Lebensraum & Bestand

Früher war der Luchs in ganz Europa verbreitet, dann durch Verfolgung bedroht (kostbarer Pelz).

Seit 2019 gibt es mindestens drei männliche Luchse in Baden-Württemberg, es fehlt jedoch bis heute an Weibchen, um den Bestand aufrechtzuerhalten.

Außerdem werden Vernetzungskonzepte zwischen einzelnen Lebensräumen benötigt, um Wanderrouten und die Ausbreitung der Population zu ermöglichen.

In 2021 wurden ca. 125–135 ausgewachsene Exemplare deutschlandweit gezählt.

Nahrung

* Paarhufer (z.B. Rehe, Hirsche)
* Kleinsäuger (z.B. Hasen, Dachse, Marder)
* Vögel
* Jagd in der Dämmerung und bei Nacht

Autorin: Jo Hiddemann

FUN FACT:
Der Vogel des Jahres 2022 ist der Wiedehopf.

Diesen Luchs könnt ihr euch im Nationalpark-Zentrum Ruhestein anschauen.

VÖGEL IM SCHWARZWALD

Gartenvögel

✖ **Kohlmeise** *größte und am weitesten verbreitete Meisenart Europas*

✖ **Blaumeise** *kräftiger Gesang*

✖ **Schwanzmeise** *rundlich mit langen Schwanzfedern*

✖ **Haubenmeise** *grau gesprenkelte, aufrechtstehende Haube*

✖ **Tannenmeise** *liebt Sonnenblumenkerne*

✖ **Rotschwanz** *lebhaft mit rostroter Schwanzfeder*

✖ **Fitis** *Zugvogel, teilweise mit einer Zugstrecke von 12 000 km*

✖ **Zaunkönig** *eine der kleinsten europäischen Vogelarten*

✖ **Zilpzalp** *charakteristischer „Zilp-zalp"-Ruf*

✖ **Goldammer** *leuchtend gelbes Gefieder*

✖ **Kleiber** *klettert auch gerne mal kopfüber*

✖ **Eichelhäher** *rot-bräunlich mit intensiv blauen Federn am Bug*

✖ *und viele weitere wie* **Spatz, Amsel, Star, Sperling…**

Autorin: Jo Hiddemann

Greifvögel und Habichtartige

✖ **Sperber** *kleiner Greifvogel mit markanter weiß-braun quer gebänderter Unterseite*

✖ **Habicht**
sperberähnlicher, größerer Greifvogel

✖ **Mäusebussard**
typischer „Kiääh"-Ruf aus der Luft

✖ **Schwarzmilan** *besonders lange gewinkelte Flügel und ein nur leicht eingekerbter Schwanz, weniger farbenprächtig als Rotmilan*

✖ **Rotmilan** *tief gegabelter rostroter Schwanz, schneller, guter Flieger*

✖ **Blässhuhn** *rundlicher grau-schwarzer Kranichvogel*

✖ **Teichhuhn** *taubengroß, Stirnschild und Schnabel in typischem Rot, gelbe Schnabelspitze*

✖ **Ringeltaube** *rhythmischer „Gru-gruhh, gru-gruhh"-Gesang*

✖ **Dohle** *Pärchen bleiben ein Leben lang zusammen, „Kjak"-„schack"-Rufe*

✖ **Waldkauz** *edle Eule*

✖ **Uhu** *weltweit größter Eulenvogel*

✖ **Turmfalke** *kann anhand schneller Flügelschläge in der Luft stehen bleiben (Rüttelflug)*

✖ **Wanderfalke** *rasant im Sturzflug*

✖ **Buntspecht** *häufigster Specht in Deutschland*

✖ **Grünspecht** *hat eine klebrige Zunge mit Widerhaken, um Ameisen erbeuten zu können*

✖ **Dreizehenspecht** *leichtfüßiger Kletterer*

✖ **Kuckuck** *bekannt für seinen Brutparasitismus*

✖ **Eisvogel** *strahlend in Blau-Orange*

✖ **Wiedehopf** *„Hup-hup"-Rufe*

DER WOLF

Aussehen

* 70–90 cm groß, bis zu 140 cm lang
* Ähnelt großem Haushund
* Ist hochbeiniger als Hunde, Rückenlinie verläuft gerade
* Schwanz ist gerade und buschig
* Haben kleine Ohren, die auch innen behaart sind
* Männchen werden oft schwerer und größer als Weibchen
* Fell variiert zwischen Gelblich-Grau/Graubraun/Dunkelgrau
* Unterseite der Schnauze und Kehle sind heller
* Oft schwarze Beinvorderseite und Schwanzspitze

Verhalten

* Sehr anpassungsfähig
* Ab 22 Monate geschlechtsreif
* Paarungszeit zwischen Februar und März
* Tragezeit von 9 Wochen
* Wurf mit 4 bis 6 Welpen
* Leben als Familie, im Wolfsrudel
* Jungtiere verlassen mit 2 bis 3 Jahren das Rudel
* Zur Partnersuche legen sie bis zu 1000 km zurück

Nahrung

* Rehe, Rothirsche und Wildschweine oder kleinere Tiere
* Jagen meistens alte, kranke oder junge Tiere, leichte Beute

* Wichtige Rolle im Ökosystem, weil sie Bestände ihrer Beutetiere kontrollieren
* Erlegen auch Nutztiere (Schafe, Ziegen); dies kann auch trotz Schutzmaßnahmen vorkommen, weshalb dann der Mechanismus „Kompensationszahlung", also ein Schadensausgleich, greift

Lebensraum

* Bewohnen sehr unterschiedliche Regionen, von arktischen Tundren bis Wüsten Nordamerikas und Zentralasiens
* War früher eine der meistverbreiteten Säugetierarten weltweit
* Leben meistens in Grasland oder Wäldern
* Nutzen ein Revier von ca. 250 km^2
* Legen bis zu 75 km pro Tag zurück

Gefährdung

* Bestand erholt sich seit 30 Jahren wegen strengem Schutz wieder
* Gefährdung durch Zerschneidung des Lebensraums/Verkehr
* Es kommt immer wieder zu illegalen Tötungen der Wölfe
* Ist streng geschützt

Mensch und Wolf

* Stellen keine Gefahr für den Menschen dar, sofern sie nicht provoziert oder angefüttert werden
* Wenn man einen Wolf trifft: ruhig beobachten, genug Raum zum Zurückziehen lassen, zum Vertreiben groß machen und laut rufen/klatschen, niemals hinterherlaufen
* Wölfe nehmen Menschen nicht als Beute wahr
* Wolfsmanagement findet in Form von Hinweisen für Bevölkerung, Herdenschutz-Maßnahmen und Öffentlichkeitsarbeit statt

Autorin: Emily-Lou Rajsp

FUN FACT:
Esel können in Sonderfällen als Herdenschutztiere eingesetzt werden, sehen nur bei großen Weiden nicht das ganze Gebiet als ihr Territorium an.

WILDTIERMANAGEMENT / JAGD

Wildtiermanagement

Beim Wildtiermanagement werden das Vorkommen, das Verhalten und die Populationsentwicklung einer Wildtierart beeinflusst oder erforscht. Es gibt vielfältige Herausforderungen, da manche Tierarten **vom Aussterben bedroht** sind (Auerhahn) und andere **Schäden für den Menschen** verursachen (Wildschweine) oder einheimische Arten gefährden. Dies bezieht sich nicht nur auf den Nationalpark Schwarzwald – hier dürfen Wildschweine machen, worauf sie Lust haben –, sondern auf ganz Deutschland. Durch Flächenverbrauch und Landschaftszerschneidung schrumpfen Wildtierlebensräume, das führt

zu **Interessenskonflikten**. Das Wildtiermanagement spielt hierbei die Rolle des Vermittlers zwischen den Interessen der Wildtiere und denen der Anwohner, wobei deren Interessen (z.B. von Grundstückseigentümern, Naturschützern, Land- und Forstwirtschaft, Outdoor-Sportlern und Jäger:innen) sehr unterschiedlich sind. Wanderer und andere Outdoor-Sportler schrecken die Tiere oft auf, was vor allem im Winter problematisch ist, wenn die Tiere Energie sparen müssen, und das Bedürfnis nach Naturerlebbarkeit wächst stetig. Das Monitoring macht einen großen Bestandteil des Wildtiermanagements aus. Unter Monitoring versteht man, Daten nach wissenschaftlichen Kriterien zu den Arten zu sammeln, um regionale Unterschiede der Bestände sowie langfristige Bestandstrends aufzuzeichnen. Diese Daten werden dann für Öffentlichkeitsarbeit, Politik (z.B. politische Entscheidungsfindung) und als Feedback für die Jäger:innen eingesetzt sowie als Grundlage für **wissenschaftsbasiertes Wildtiermanagement**. Im Nationalpark ist das Ziel eine jagdfreie Fläche in der Kernzone, deren Umsetzung in Abstimmung mit Anrainern, Jagdverbänden, Naturschutz, Tierschutz, Tourismus und Gemeinden erfolgt.

Jagd

Die Jagd ist ein Teil des Wildtiermanagements und **soll Bestände regulieren** sowie einen Ausgleich zwischen Landschaft und Wild schaffen. Dabei werden der Wildtierbestand erhalten und dessen Lebensgrundlagen gepflegt und gesichert. Jagd und Hege dienen somit dem Erhalt der biologischen Vielfalt und sollen tierschutzgerecht und nachhaltig sein. Die gesellschaftlichen Anforderungen an die Jagd sind stark gestiegen, und die moderne Jagd unterliegt **vielfältigen Regularien** und orientiert sich an ökologischen Erkenntnissen, da es viele Faktoren gibt, die Wildtierbestände beeinflussen. Die häufigsten Naturschutzmaßnahmen der Jäger:innen sind Biotopschutz, Biotopvernetzung und spezifische Schutzmaßnahmen für gefährdete Arten.

Autorin: Emily-Lou Rajsp

Was machst du da draußen im Wald?

Ich kümmere mich darum, die Interessen der Menschen mit den Bedürfnissen von Wildtieren in Einklang zu bringen. Dabei habe ich mich immer als Anwalt der Schwächeren, also der Wildtiere, verstanden.

Wofür braucht man Jäger überhaupt?

Im Nationalpark braucht man Jäger in erster Linie für den Schutz der Nachbarn. Unsere Jäger:innen arbeiten parallel dazu im Wildtiermonitoring mit und bei der Besenderung von Rothirschen.

Ist das nachhaltig? Es gibt doch schon so wenig Wildtiere, warum werden die wenigen dann noch erschossen?

Es gab in Deutschland wahrscheinlich noch nie so viele Hirsche, Rehe und Wildschweine wie zur Zeit. Die Nachhaltigkeit ist da wirklich kein Problem. Für mich persönlich gehört es zu meiner Art zu leben, das Fleisch, das ich esse, auch selber zu erlegen. Man bekommt ein ganz anderes Verhältnis zum Lebensmittel Fleisch, als wenn man es im Supermarkt aus Massentierhaltung kauft.

INTERVIEW FRIEDRICH BURGHARDT JÄGER

Was würde im Wald passieren, wenn plötzlich keine Jagd mehr erfolgen würde?

Der Wald würde wohl anders aussehen als bisher. Nicht besser, nicht schlechter, aber eben anders. Die Einwirkung von Wildtieren auf die Vegetation ist nie gut oder schlecht. Die Begriffe „gut" und „schlecht" sind der Maßstab, mit denen Menschen die Natur betrachten, und zwar ganz egal, ob man die Bewertung als Naturnutzer oder Naturschützer macht. Das ist ja ein Grund, warum wir Nationalparks brauchen, um zu sehen, was passiert, wenn der Mensch nicht mehr eingreift, und zwar vollkommen wertneutral. Die Kunst ist es, „Natur Natur sein zu lassen". Nationalparks brauchen demütige Menschen, die zuschauen und warten können.

Autor: Friedrich Burghardt

INTERVIEW THOMAS HAUCK
FORSTAMT BADEN-BADEN

Welche Ziele verfolgt ihr?

Unser Ziel ist ein klimastabiler Dauerwald mit natürlicher Verjüngung. Dies ist nur mit einer an den Kapazitäten des Ökosystems angepassten Wilddichte möglich. Dazu gehört, dass sich die natürlich vorkommenden Baumarten ohne Schutzmaßnahmen gegen Wildverbiss verjüngen. Besonderen Wert legen wir hier auf die Tanne und die Eiche sowie weitere Mischbaumarten, die je nach Standort beigemischt sind.

In welcher Verbindung steht ihr zum Nationalpark Schwarzwald?

Die Stadt Baden-Baden hat als einzige Kommune eigenen Waldbesitz im Nationalpark. Rund 420 Hektar Stadtwald wurden zur Gründung des Nationalparks zur Verfügung gestellt. Davon sind seit Beginn etwa 80 % als Kernzone ausgewiesen.

Wir arbeiten sehr gut mit dem Nationalpark in verschiedensten Bereichen zusammen. Hervorzuheben ist die übergreifende Zusammenarbeit im Bereich Wildtiermanagement.

Die Jagd als Ganzes steht häufig in der Kritik. Was ist euer Standpunkt dazu?

Die Jagd auf unser Schalenwild ist heute wichtiger denn je. Der Umbau und die Weiterentwicklung der Wälder hin zu mehr Klimastabilität geht nur mit angepassten Wilddichten. Sofern die Jagd an diesen ökologischen Gesichtspunkten ausgerichtet ist und tierschutzgerecht ausgeübt wird, ist sie unverzichtbar. Dazu gehört auch die bestmögliche Verwertung des Lebensmittels „Wild". Wir haben dazu einen Wildzerlegebetrieb aufgebaut und verkaufen das hochwertige Fleisch regional an die Bürger und Gäste Baden-Badens. Dies wird sehr positiv aufgenommen.

Autor: Thomas Hauck

KLIMA-
WANDEL

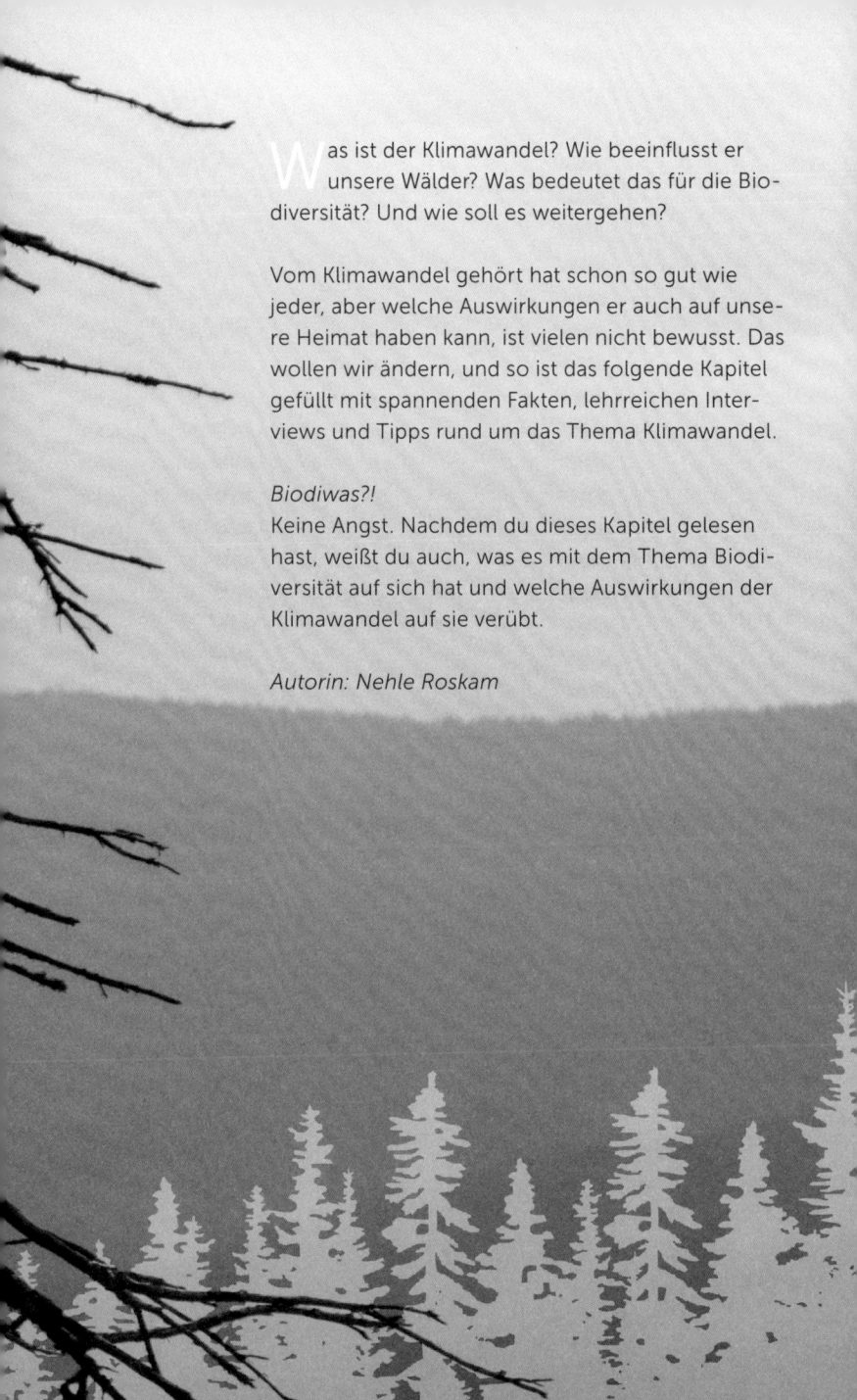

Was ist der Klimawandel? Wie beeinflusst er unsere Wälder? Was bedeutet das für die Biodiversität? Und wie soll es weitergehen?

Vom Klimawandel gehört hat schon so gut wie jeder, aber welche Auswirkungen er auch auf unsere Heimat haben kann, ist vielen nicht bewusst. Das wollen wir ändern, und so ist das folgende Kapitel gefüllt mit spannenden Fakten, lehrreichen Interviews und Tipps rund um das Thema Klimawandel.

Biodiwas?!
Keine Angst. Nachdem du dieses Kapitel gelesen hast, weißt du auch, was es mit dem Thema Biodiversität auf sich hat und welche Auswirkungen der Klimawandel auf sie verübt.

Autorin: Nehle Roskam

KLIMAWANDEL – WAS IST DAS?

DAS KLIMA hat sich schon immer verändert (Natürliche Klimavariation),nur diesmal ist der **Mensch die Ursache** (anthropogen) dafür, dass es so rapide wärmer wird.

Doch was ist die Ursache für den Lufttemperaturanstieg?
Das ist ganz einfach: Zyklische Schwankungen von Sonnenaktivität und so der Sonnenstrahlung, Vulkanausbrüche und Telekonnektionen wie El Niño haben zwar einen Einfluss auf das Klima der Erde, sind aber nicht für den momentan zu beobachtenden Anstieg der Lufttemperatur verantwortlich. Der ist viel stärker.

Die Ursache für den Klimawandel ist der **anthropogene Treibhauseffekt**, der Lufttemperaturanstieg geht mit der Erhöhung von Treibhausgasen einher.

Die wichtigsten Treibhausgase sind Kohlendioxid (CO_2), Methan (CH_4) und Lachgas (N_2O). Die CO_2-Konzentration auf Mauna Loa auf Hawaii (längste Zeitreihe der direkt gemessenen CO_2-Konzentration der Atmosphäre seit 1958) hat um fast 50 % seit Beginn der Industrialisierung zugenommen. Der natürliche Treibhauseffekt wird also durch die vom Menschen zusätzlich ausgestoßenen Treibhausgase deutlich verstärkt und verursacht die rapide Erwärmung, die wir momentan erleben. Deshalb ist auch häufig vom menschengemachten Klimawandel die Rede. Im Jahr 2020 wurde ein neuer Rekord von 412,5 ppm gebrochen, trotz der Corona-Pandemie. Im Oktober 2021 lag die Konzentration bereits bei 413,93 ppm.

Quellen von CO_2 sind: Verbrennung fossiler Brennstoffe (Erdöl, Kohle und Erdgas, aber auch Holz), Zementproduktion und Landnutzungsänderungen.
Quellen von CH_4 sind: Viehzucht, Reisanbau, Nutzung fossiler Brennstoffe (Erdgas), Auftauen von Permafrostböden, Maisanbau und Sojaplantagen.
Quellen von N_2O sind: der Einsatz von Düngemitteln und Industrieprozesse.

Einen **natürlichen Treibhauseffekt** gibt es schon immer, zum Glück, sonst wäre es auf der Erde viel kälter, im Mittel wäre es -32°C kalt, dank des natürlichen Treibhauseffekts hat es auf der Erde aber kuschelige 15°C im globalen Mittel.

Was der Treibhauseffekt eigentlich ist

Die Hauptenergiequelle der Erde ist die Sonnenstrahlung, dadurch erwärmt sich die Erde, und wie jeder Körper mit einer Temperatur strahlt auch die Erde im Infrarotbereich Wärme aus. Wenn es jetzt keine Atmosphäre geben würde, dann würde diese Wärme einfach wieder in den Weltraum zurückgestrahlt werden. Doch die Atmosphäre der Erde absorbiert diese Wärmestrahlung. Dadurch erwärmt sie sich und erzeugt wiederum eine Wärmestrahlung zurück auf die Erde: Rückstrahlung.

Autorin: Svenja Christ

WAS MACHT DER KLIMA-WANDEL MIT DEM WALD?

EIN ERHÖHTER CO_2-GEHALT in der Atmosphäre führt zu einer sogenannten CO_2-Düngung der Wälder: Die **Photosyntheserate** und das **Wachstum** steigen. Zudem führt eine Erwärmung auch zu einer längeren Vegetationszeit.

Allerdings wird insbesondere auch die Trockenheit zunehmen, Dürrejahre wie 2003 oder 2018 werden keine Seltenheit sein. Dadurch leidet der Wald unter **Trockenstress**, besonders im Sommer haben die Bäume zu wenig Wasser. In der Folge geht wiederum das Wachstum zurück, die Vegetation kann weniger CO_2 aufnehmen.

Im Zeitraum 2018 bis 2020 war **nur jeder fünfte Baum** in Deutschland noch gesund, weniger als in den 1980ern, als über das Waldsterben groß debattiert wurde!

Bereits gestresste Bäume sind **anfälliger für Schädlinge**, so z.B. für den Borkenkäfer.
Besonders die Fichte ist von den erhöhten Temperaturen und dem Trockenstress betroffen.
Gehäufte stärkere Stürme erhöhen die Gefahr von Sturmschäden und Windwurf.

Zusammengefasst bedeutet das, dass sich die Klimahüllen einzelner Baumarten stark verlagern werden, die Bäume müssen also rapide migrieren, um passende klimatische Bedingungen vorzufinden. Es wird dementsprechend große Veränderungen in der Zusammensetzung unserer Wälder geben.

Autor: Raphael Prautzsch

WAS MACHT DER KLIMAWANDEL MIT DEM WALD?

Der Wälderwanderer

INTERVIEW
GERALD
KLAMER

Du hast deinen Job als Förster und deine Wohnung gekündigt und bist im letzten Jahr 6000 Kilometer durch Deutschland gewandert. Was hat dich dabei angetrieben?

In den letzten drei Jahren haben wir in Deutschland eine Dürre erlebt, die es so noch nie gegeben hat und die den Wald schwer in Mitleidenschaft gezogen hat. Mit meinem Projekt konnte ich meine beiden Leidenschaften Wald und Wandern zusammenbringen und auf diese Situation aufmerksam machen. Dabei will ich insbesondere zeigen, wie eine naturnahe Waldbewirtschaftung den Wald stabilisieren und nicht weiter schwächen soll.

Wie hast du den Zustand des Waldes in den verschiedenen Regionen Deutschlands wahrgenommen?

Dem Wald geht es regional sehr unterschiedlich, es gibt Katastrophengebiete wie Harz und Sauerland, aber auch Gegenden, die noch relativ gut dastehen wie der Schwarzwald. Nach dem Waldbericht der Bundesregierung sind ca. 300 000 Hektar abgestorben, vor allem Fichten. An Orten, wo der Wald durch Bewirtschaftung stark aufgelichtet ist, geht es insbesondere den Buchen schlechter. Insgesamt ist aber auf 3 Millionen Hektar dringend ein Umbau zum Mischwald notwendig.

Insbesondere die Fichte ist durch Trockenstress und folgenden Borkenkäferbefall bedroht. Wie hast du das auf deiner Wanderung erlebt, und

wie siehst du die Zukunft der Fichte?

Überall ist der Umbau zum Mischwald dringend notwendig, vor allem mit heimischen Laubbäumen wie den Buchen. Die Fichte wird nicht aussterben, sondern oft nicht älter als 30 Jahre werden, bevor der nächste Borkenkäferbefall kommt, auch in Gebieten, die heute noch relativ intakt sind.

Wie können wir unsere Wälder am besten gegen höhere Temperaturen und Dürren als Folge des Klimawandels aufstellen? Wie sieht der Wald der Zukunft deiner Meinung nach aus?

Es sollten keine Experimente mit nichtheimischen Baumarten stattfinden, Buchen, Eichen und andere heimische Baumarten haben genügend genetisches Anpassungspotenzial. Ganz wichtig ist es, das kühl-feuchte Waldklima zu erhalten und nicht durch stärkere Auflichtungen zu stören.

„Es sollten keine Experimente mit nichtheimischen Baumarten stattfinden, Buchen, Eichen und andere heimische Baumarten haben genügend genetisches Anpassungspotenzial."

Wälder müssen dichter und damit vorratsreicher werden, Teile sollten als Naturwald aus der Nutzung genommen werden und mehr Totholz stehen gelassen werden.

Du bist auf deiner Wanderung auch durch den Nationalpark Schwarzwald gekommen. Wie war dein Eindruck von dem Waldzustand dort?

Der Schwarzwald hat einen dominierenden Fichtenanteil, was ziemlich naturfern ist. Laubwaldnationalparks wie Hainich und hoffentlich zukünftig der Steigerwald und Spessart sind natürlicher.

Was sind nun deine nächsten Projekte?

Zurzeit schreibe ich mein Buch „Der Waldwanderer" [ist im Juli 2022 im Malik Verlag erschienen] über „Waldbegeisterung". Auch habe ich schon einen Vortrag entwickelt, den ich öffentlich zeige. Seit März 2022 habe ich ein Projekt zu den Urwäldern der Karpaten und ihrer Bedrohung.

Für mehr Infos:
waldbegeisterung.de

Autor: Raphael Prautzsch

WAS MACHT DER WALD MIT DEM KLIMA?

WÄLDER haben einen großen Einfluss auf das Klima. Sie schaffen sowohl im Kleinen ein eigenes Bestandesklima, haben aber auch Auswirkungen auf das globale Klima und damit auf den Klimawandel.

Ein Wald schafft sein eigenes **Mikroklima** mit folgenden Eigenschaften:

- ✖ Größere Windruhe
- ✖ Höhere Luftfeuchtigkeit
- ✖ Ausgeglichener Temperaturverlauf: tags kühler, nachts wärmer
- ✖ Verringerte Sonneneinstrahlung und Niederschläge am Waldboden

Das Kronendach kann aber auch Nebel aus der Atmosphäre kämmen und so eigenen Niederschlag produzieren!

Auf globaler Ebene ist der Wald ein bedeutender CO_2-Speicher. Landnutzungsänderungen, also zum Beispiel das Abholzen von Wald, setzt langfristig den gespeicherten **Kohlenstoff** aus dem Wald in Form von CO_2 frei. Verbrennen oder Vermodern – die Eigenschaft von Böden wird verändert.

Ein gesunder Wald nimmt Kohlenstoffdioxid auf und speichert es. Photosynthese heißt, aus Licht und CO_2 wird Zucker (= Nährstoffe für die Pflanze) und Sauerstoff. Somit nimmt der Wald CO_2 aus der Atmosphäre auf und speichert es. Andererseits, wenn es dem Wald schlecht geht, wird der gespeicherte Kohlenstoff wieder abgegeben und gelangt als CO_2, das wichtigste Treibhausgas, in die Atmosphäre.

Autor: Raphael Prautzsch

BIODIVERSITÄT UND KLIMA

ES GIBT DREI ARTEN von Biodiversität: Vielfalt von Ökosystemen (Lebensräumen), Vielfalt von Arten und genetische Vielfalt.

Konsequenzen von Biodiversitätsverlust:
Verlust von Biodiversität führt oft dazu, dass Ökosysteme immer **instabiler** werden, und die Fähigkeit, sich von Extremereignissen zu erholen, nimmt häufig ab. Tendenziell können Lebensräume mit hoher biologischer Vielfalt besser mit Veränderungen umgehen. Sie sind oft resistenter und resilienter gegenüber Extremwetterereignissen und einer schnellen Veränderung des Klimas. Verändert sich das Klima, braucht es Arten, die besser mit einer Erwärmung oder anderen Fol-

gen des Klimawandels umgehen können. Eine höhere biologische Vielfalt erhöht in der Regel die Wahrscheinlichkeit, dass es Arten

FAKTENBOX:
Der phänologische Winter hat sich von 120 Tagen im Jahr auf 102 Tage im Jahr verkürzt.

gibt, die besser angepasst sind. Pro Tag sterben ca. 150 Pflanzen und Tierarten aus.
Die Lebensbedingungen für Tier- und Pflanzenarten ändern sich. **Ökosysteme verändern sich**.

Dadurch werden Arten, die sich schlecht anpassen können, da sie sehr speziell an ihre Umgebung, die Umweltbedingungen oder ihren Lebensraum angepasst sind (zum Beispiel der Auerhahn), zurückgehen oder sogar aussterben.

Es kann zu einer Verschiebung der Artenzusammensetzung kommen. Neue, auch invasive Arten können sich ausbreiten.

Das Klima ist ausschlaggebend für die Ausprägung eines Lebensraums, dort lebende Flora und Fauna ist an die Bedingungen angepasst. Klimatische Bedingungen spielen eine große Rolle für das Überleben und Verbreiten von Leben. Die Temperatur ist dabei besonders wichtig. Der Klimawandel ist somit eine **Bedrohung für Ökosysteme**! Es kommt zur Verschiebung von Klimazonen, phänologischen Phasen (jahreszeitliche Entwicklungsphasen von Pflanzen) sowie zur Verschiebung und Veränderung von Vegetationsphasen.

Der Klimawandel wird die Gefahr für die biologische Vielfalt erhöhen. Arten können sich anpassen oder ausweichen, es ist jedoch klar, dass der Klimawandel außergewöhnlich schnell verläuft. Arten müssen sich fortbewegen, um geeignete Lebensräume zu finden. Viele Arten haben somit Probleme, in kühlere Höhen auszuweichen. Limitierend ist dabei beispielsweise die Höhe der Berge. Zudem werden ihre Lebensbedingungen durch Zersiedelung der Landschaft, Verhinderung natürlicher Dynamiken (Fließgewässer und Dämme) und durch Flächenversiegelung und menschliche Nutzung erschwert.

Die Funktion von angepassten Ökosystemen kann eingebüßt werden, wenn sich die Artenzusammensetzung verändert. Die Veränderung der Schneebedeckungsdauer im Winter hat auch Auswirkungen auf das Verhalten von Tieren. Winterschlaf oder Schutz können verloren gehen, andere Arten hingegen könnten davon auch profitieren.

FAKTENBOX:
Die Arten die Alexander von Humboldt vor über 200 Jahren in den Anden kartiert hat, leben heute mehrere hundert Meter weiter oben, auch die Schneegrenze hat sich verschoben.

FAKTENBOX:

20 bis 30 % aller Tier- und Pflanzenarten sind aufgrund des Klimawandels vom Aussterben bedroht.

Helloooooo, mich gibt's auch noch!

Treibende Faktoren des Biodiversitätsverlustes:

✖ Die Umwandlung von natürlichen Lebensräumen und Ökosystemen in Nutz-Ökosysteme durch Menschenhand

✖ Arten und Lebensräume werden direkt vom Klimawandel beeinflusst, wie zum Beispiel das Great Barrier Reef durch die Erwärmung des Meeres

✖ Zunehmende Nährstoffeinträge (z.B. Nitrat) verändern massiv bestehende Lebensräume

✖ „Biologische Invasion" – die bewusste Einführung, Einschleppung und durch Menschen bedingte Einwanderung von Arten in andere geographische Regionen und neue Lebensräume

✖ Die global steigende CO_2-Konzentration in der Atmosphäre beeinflusst das Konkurrenzverhältnis zwischen Organismen in Ökosystemen

Autorin: Svenja Christ

Young Explorer

INTERVIEW
SVENJA CHRIST

Hat einen Bachelor in Waldwirtschaft und macht ihren Master in Meteorologie.

Was ist deiner Meinung nach das Effektivste, was viele Menschen machen sollten bzw. nicht machen sollten, um die Artenvielfalt zu schützen?
Über das Klima wird total viel geredet, und ich glaube, jeder hat ein bisschen eine Idee, was es dagegen für Möglichkeiten gibt und was man tun kann. Über die biologische Vielfalt wird viel weniger geredet. Eine große Stellschraube ist dabei die Landwirtschaft. Wie man Lebensmittel konsumiert, ist ein ganz großer Punkt. Gerade große Betriebe mit Monokulturfeldern oder Viehzucht sind natürlich nicht förderlich. Die ökologische Landwirtschaft, bei

der viele verschiedene Sachen auf einem Feld angebaut werden und die verschiedene Habitate auch für seltene Arten bietet, ist da ein absolut sinnvoller Schritt. [...] Was natürlich noch ein weiterer sehr wichtiger Punkt ist, ist, dass man noch mehr Räume schafft, die komplett geschützt sind, wie den Nationalpark Schwarzwald, in den man dann als Mensch nicht mehr eingreift, sondern der Natur Raum lässt, um Lebensräume für besondere Arten zu schaffen.

Wie, glaubst du, bekommen wir den Wandel in Richtung nachhaltiges Wirtschaften und effektive CO_2-Reduktion hin? Gerne auch auf eine nachhaltige Forstwirtschaft bezogen.
Eigentlich wird schon ziemlich nachhaltig gehandelt. Aber man

kürzt natürlich trotzdem so den Lebenszyklus eines Baums sehr. Denn man schlägt die Bäume schon viel früher, als sie zeitlich gesehen eigentlich leben und wachsen würden. Damit hat man nur eine bestimmte Phase des Lebenszyklus vom Wald repräsentiert. Die Lebensräume, die entstehen, wenn der Baum älter wird, auch durch fehlendes Totholz, werden so sehr eingeschränkt. Der Wald ist ein effizienter CO_2-Speicher und ist Katastrophen gegenüber resistenter. Im weiten Kontext sind auch der ganz normale Waldschutz oder die Gewährleistung von Waldpflege ein gutes Mittel gegen die Folgen des Klimawandels. Grundsätzlich gilt: Je mehr Wald, vor allem im Vergleich zu landwirtschaftlichen Flächen, desto besser. Der Wald ist definitiv der bessere Speicher.

Faszination im Detail

Wie wecken wir am schlausten das eigene Interesse und das Realisieren der Notwendigkeit der meisten Deutschen, ihre Gewohnheiten zu ändern?
Ich ertappe mich selbst immer wieder dabei, nicht so zu handeln, wie man es tun sollte, und merke, dass es mir auch schwerfällt, den richtigen Weg dafür zu finden. Aber ich persönlich glaube, dass

man nicht nur verzichten muss, sondern einen Mittelweg zwischen Anpassung und ein für sich gutes Leben finden kann. Zum Beispiel, wenn man Erdbeeren nur im Sommer isst, saisonal und regional einkaufen geht, und dabei trotzdem noch lecker isst und nicht unbedingt die Äpfel aus Australien braucht. Aber Interesse wecken kann man auch einfach, indem man selber mal nach draußen geht und sich anschaut, wie schön die Natur sein kann, man noch mal besondere Orte besucht und nicht nur den Park nebenan, sondern auch wirklich Naturschutzgebiete und dabei selber erlebt, wie schön Natur ist, die man sich selbst überlässt. Sehen, warum es sich überhaupt lohnt, das zu schützen. [...]

Wie schützen wir unsere Wälder hier vor den Folgen des Klimawandels? Gibt es ein präventives Mittel?

Indem man auf die richtige Baumartenzusammensetzung achtet und diese weiter anpflanzt. Keine Fichtenmonokulturen mehr, sondern Mischwälder mit zum Beispiel Buche oder auch Douglasie und ein Mischwald aus Laub- und Nadelbäumen. Aber trotzdem darf man die Forstwirtschaft nicht ganz außer Acht lassen, weil es in dem Sinne auch nicht nachhaltiger wäre, wenn wir unser Holz importieren müssten und nicht mehr die Arten anbauen würden, die uns einen rentablen, markttauglichen Ertrag bringen. Also einerseits den Wald mit verschiedenen Arten als Mischwald so zu gestalten, dass er möglichst gesund und resistent gegen die Klimafolgen ist, und aber auch der Forstwirtschaft weiter ihren Raum zu lassen, das sind präventive Mittel. [...]

„Natur Natur sein lassen" — das Motto unseres Nationalparks Schwarzwald. Schafft unser Wald es alleine, ohne den Eingriff des Menschen, den Konsequenzen des Klimawandels entgegenzutreten und zu überleben?

Das ist eine sehr spannende Frage, und unser Nationalpark ist ja jetzt auch noch nicht so alt, da kann man nur spekulieren. Ich würde jetzt behaupten, dass sich auf lange Sicht gesehen der Wald und die Natur im Schwarzwald schon wieder selbst regulieren und klarkommen. Auf kurze Sicht ist durch die Baumartenzusammensetzung, also speziell die Fichte bei uns, die momentan sehr zu kämpfen hat, der Wald sehr schwach. [...] Die Arten haben natürlich schon Schwierigkeiten, sich so schnell anzupassen, besonders so langlebige Arten wie viele Baumarten. [...] Schlussendlich wird immer die Natur der Gewinner sein und sich auf welche Weise auch immer langfristig wieder einfinden. Wir sind eben nur am Ende die, die unter den Klimafolgen leiden werden.

Autorin: Eliza Heinlein

AUSBLICK IN DIE ZUKUNFT

Je nachdem, wie früh wir es schaffen, die **Treibhausgas-Emissionen** zu reduzieren, werden die Temperaturen und die Folgen des Klimawandels unterschiedlich stark ausgeprägt sein.

Wenn wir so weitermachen wie bisher (Worst-Case-Szenario), nehmen **Extremwetterereignisse** insgesamt weiter zu (Starkregen, Hochwasser, Stürme). Auch die Anzahl an Hitzetagen und Tropennächten wird steigen. In Deutschland werden wir zunehmend unter Trockenheit und Dürre leiden. Die Ökosysteme können sich nicht mehr schnell genug anpassen, und das **Artensterben** wird weiter beschleunigt.

In Baden-Württemberg wird die Temperatur weiter ansteigen, unsicher ist man sich bei der Niederschlagsmenge. Sicher kann man aber sagen, dass die Verteilung der Niederschlagsmenge sich verändern wird (im Sommer weniger, im Winter mehr; mehr Starkregen-Ereignisse). Bei der mittleren Windgeschwindigkeit sind keine Veränderungen zu erwarten.

In Bezug auf den Nationalpark
Im Nationalpark bekommt der Wald die Chance, sich auf natürliche Weise anzupassen und durch seine Vielfalt resistenter zu werden.

Worst-Case-Szenarios und als Gegensatz, was passiert, wenn wir jetzt alles in unserer Macht Stehende tun, um den Klimawandel aufzuhalten

Was können wir tun, um gerade noch so die Kurve zu kriegen?

✖ Umstieg von fossilen Energien auf **erneuerbare** in allen Lebensbereichen (Mobilität, Wohnen...)

✖ Ökosysteme schützen und zum Beispiel Aufforstung oder **Naturschutz** betreiben

✖ Uns für eine nachhaltige **CO_2-freie Wirtschaft** einsetzen

✖ Eine Entkopplung der Wirtschaft von Ressourcen

✖ Das Bevölkerungswachstum stabilisieren

✖ Methan als kurzlebiges **Treibhausgas reduzieren**

Was kann ich in meinem Wirkungskreis tun, um meinen Teil dazu beizutragen?

✖ Dich bei Umweltorganisationen engagieren

✖ Andere Menschen für Klimaschutz begeistern und Organisationen, die sich für das Klima und die Biodiversität einsetzen, unterstützen oder dich beim Young-Explorers-Camp bewerben

✖ Ernährung auf pflanzliche Basis umstellen und saisonal und regional einkaufen

Denn:
Die deutsche Landwirtschaft ist mit ungefähr 8 % der gesamten Emissionen Deutschlands ein großer Emittent von Treibhausgasen, rund 87 % der Methan- und Lachgasemissionen sind hierbei auf die Rinderhaltung zurückzuführen. Die Landnutzungsfläche, die für die pflanzliche Ernährung gebraucht wird, ist deutlich kleiner als die für Tierhaltung, so gibt es außerdem mehr Fläche für Wildnis.
Ökosysteme sind natürliche Speicher für CO_2 und andere Treibhausgase, sie machen einen wichtigen Teil im Kohlenstoffkreislauf aus, da sie eine regulierende und puffernde Wirkung haben.

Autorin: Svenja Christ

GOOD TO KNOW: UMWELTSCHUTZ- ORGANISATIONEN

WWF:
Eine der größten unabhängigen Naturschutzorganisationen weltweit. Die World Wide Fund For Nature engagiert sich vor allem für vom Aussterben bedrohte Tier- und Pflanzenarten.

Robin Wood:
Inspiriert von „Robin Hood" kämpft dieser gemeinnützige Verein seit 1982 gegen das Waldsterben in den Tropen und in Deutschland. Er engagiert sich auch im Bereich Energie und Verkehr.

NABU:
Der Naturschutzbund Deutschland begeistert seit über 100 Jahren Menschen für die Natur. Von Umweltbildung über aktive Schutzprojekte, politische Lobbyarbeit und wissenschaftliche Forschungsprojekte ist Deutschlands zweitgrößte Umweltschutzorganisation aktiv.

Greenpeace:
Aktivismus gegen Atomtests, Verschmutzung der Meere oder Tierquälerei – diese Organisation ist weltweit aufgestellt und verschafft sich Gehör für viele verschiedene Stellschrauben, an denen gedreht werden muss, um unseren Planeten langfristig zu erhalten.

Deutscher Naturschutzring:
Ein Dachverband, dem heute 95 Umweltschutzverbände in Deutschland angehören. Sie setzen sich für die allgemeine Sicherung und Steigerung unserer Lebensqualität ein.

Deutsche Umwelthilfe:
Diese Organisation macht sich stark für die Nutzung und Förderung von nachhaltigen Technologien und umweltfreundlichen Produkten. Mit Politikern und Unternehmen schmiedet sie Allianzen für den schonenden Umgang mit natürlichen Ressourcen.

BUND:

Der Bund für Umwelt- und Natur-schutz setzt sich als größte Orga-nisation in Deutschland in vielen verschiedenen Bereichen für eine ökologischere Politik ein. Im Kampf für sauberere Flüsse, nach-haltigere Verkehrspolitik, gegen Massentierhaltung und Atomkraft engagiert sich der BUND seit 1975 auf lokaler, regionaler, nationaler und internationaler Ebene.

PETA:

Diese Organisation ist die landes-weit größte Tierschutzorganisati-on im Kampf für stärker greifende Tierrechte. Ihre Partnerorganisa-tionen werden weltweit von über 9 Millionen Menschen unterstützt.

Primaklima:

Dieser gemeinnützige Verein betreibt weltweit Wiederauffors-tungsprojekte auf Basis von loka-lem forstfachlichem Wissen. Seit 1991 setzt er sich so aktiv für die CO_2-Reduzierung ein.

The generation forest:

Hier wird aktiv in Südamerika wie-der aufgeforstet. Es entsteht ein Generationenwald, der aus Wei-deflächen und Monokulturplanta-gen wieder artenreiche Mischwäl-der erschaffen lässt. Diese Orga-

nisation setzt sich durch verschie-dene Aufforstungsprojekte gegen die Abholzung des Regenwalds ein und versucht durch CO_2-Bin-dung gegen den Klimawandel anzukämpfen.

Autorin: Eliza Heinlein

Kleine Blume – große Bekanntheit

CHALLENGES

Mal was Neues ausprobieren?!
Alles scheint so bekannt und gewohnt, aber das ist es nie, wenn du einen alternativen Blickwinkel einnimmst, etwas mal neu ausprobierst, die Welt mit anderen Augen zu betrachten versuchst!

Weißt du eigentlich, was im Wald alles so wächst? Wie sich der Boden unter deinen Füßen wirklich anfühlt oder wie du in einer Extremsituation im Wald überleben kannst?

Das und weitere Challenges erwarten dich auf den nächsten Seiten!
Fordere dich heraus, trau dich etwas Neues und lass dich auch einfach mal auf die Natur um dich herum ein. Vielleicht entdeckst du dir bis dahin noch unbekannte, faszinierende Seiten an ihr?

Autorin: Nehle Roskam

BÄUME IDENTIFIZIEREN

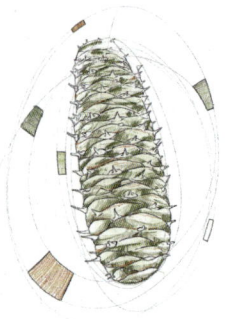

Weißtanne – *Abies alba*

Durch ihre helle Rinde und die gescheitelten, unterseitig weißen Nadeln lässt sich die Weißtanne von der Fichte unterscheiden. Früher war sie weiter verbreitet, im Zuge des Klimawandels gewinnt sie nun aber wieder an Bedeutung, da sie Trockenheit und wärmere Temperaturen besser übersteht. Auf dem Weg zum Wildsee kommt ihr an einer ca. 200 Jahre alten imposanten Weißtanne vorbei – der sogenannten Großvatertanne. Dabei hat sie allerdings noch nicht einmal die Hälfte ihres potenziellen Lebensalters von 500 Jahren erreicht!

Gemeine Fichte – *Picea abies*

Anhand der Nadeln lässt sich die gewöhnliche Fichte sehr gut von der Weißtanne unterscheiden: Nicht nur sind die Nadeln der Fichte stechend spitz, sie sitzen auch auf kleinen bräunlichen Höckern, welche stehen bleiben, wenn die Nadeln abfallen. Dagegen sind die Nadeln der Weißtanne eingekerbt-stumpf und haben einen tellerförmigen Blattgrund. Apropos Nadeln: Eine 30,95 Meter hohe Fichte hat 14 278 660 Stück. Nicht geschätzt, sondern von einem jungen Forstwissenschaftler gezählt.

Bergahorn —
Acer pseudoplatanus

Die Blattform des Ahorns ist sehr markant, jedoch kann der Berg-ahorn leicht mit dem Spitzahorn verwechselt werden. Das Blatt des Spitzahorns ist noch spitzer und führt einen milchigen Saft im Gegensatz zum Bergahorn. Markant sind auch die Flügelfrüchte, welche vom Wind fortgetragen werden und so eine weite Strecke zurücklegen können. Dabei errei-chen sie bis zu 16 Umdrehungen pro Sekunde!

Rotbuche —
Fagus sylvatica

Die Rotbuche lässt sich gut an ihrem glatten Stamm und den ebenen, an den Rändern bewim-perten Blättern erkennen. Auch die Früchte sind sehr auffällig: Die dreikantigen Bucheckern gehö-ren botanisch zu den Nüssen und schmecken angeröstet sehr lecker.

Autor: Raphael Prautzsch

Autorin: Valérie Castellani

SUPERKRÄFTE
DER PFLANZEN

BIRKE

Steckbrief

- ✖ Meist bis zu 25 Meter hoch
- ✖ Weiße Rinde, die später rissig wird
- ✖ Vorkommen: lichte Laub- und Nadel-wälder, Moore, Heiden, Waldschläge und Steinbrüche
- ✖ Rautenförmige, zugespitzte Blätter, deren Ränder gesägt sind
- ✖ Die männlichen Kätzchen sind gelbbraun und hän-gend, die weiblichen aufrecht und grün
- ✖ Ausgetrocknete Birkenrinde lässt sich gut als Zunder verwenden

JUNGE BIRKENBLÄTTER sind zum Verzehr geeignet, so kannst du sie in den Salat oder dein Gemüsege-richt mixen. Ältere Blätter haben als Teeaufguss eine entwässernde Wirkung und helfen bei entzünd-lichen Erkrankungen der Nieren und Blase.

Die Birke wird auch als „Baum des Nordländers" bezeichnet, da sie einer der winterhärtesten Laub-bäume ist. So haben die Finnen sie sogar zu ihrem Nationalbaum ernannt. Trotz Feuchte, Schnee und Regen kann nasses Birken-holz durch das in der Rinde einge-lagerte Birkenteer brennen – per-fekt für den Winter.

Schmutzige Hände und keine Seife griffbereit? Nicht mit Birken-blättern. Diese können gut als Seifenersatz herhalten. Dazu die Blätter einfach mit etwas Wasser zwischen den Händen verreiben.

SPITZWEGERICH

Steckbrief

* 10 – 40 cm hoch
* Mehrjährig
* Vorkommen: Fettwiesen, Wegränder, Äcker und Weiden
* Lange, blattlose Stängel
* Blätter schmal mit gut sichtbaren parallel verlaufenden Blattnerven, 10 – 20 cm lang, stehen in bodennaher Rosette
* Blüten beigebraun in einer langen Ähre
* Der Presssaft gequetschter Blätter hilft bei Stichen, Brennnesseln, Juckreiz, Schürfwunden und zur Blutstillung von kleinen Wunden
* Junge Blätter sind roh essbar z.B. in Salat oder Kräuterquark oder auch gekocht in Suppen oder Soßen
* Junge Knospen sind roh oder geröstet verzehrbar

SPITZWEGERICH IST ein echter Alleskönner unter den Pflanzen, und das tolle daran ist, dass er in unseren Breitengraden fast überall zu finden ist. Spitzwegerichblätter wirken antibakteriell und blutstillend, sie eignen sich somit zur Unterstützung der Wundheilung. Für eine intensive Wirkung braucht es den heilenden Saft des Blattes. Dieser kann aus dem Blatt austreten, wenn man es zerdrückt oder zerkaut und somit die Zellstruktur aufbricht.

Der Wegerich enthält viel Vitamin C, Vitamin K, Karotin und Kieselsäure. Er ist somit ein sehr gesundes Nahrungsmittel. Egal ob Wurzel, Blatt, Blüte oder Samen, der ganze Spitzwegerich kann direkt verzehrt oder anderen Speisen zugesetzt werden.

In Europa wird der Spitzwegerich schon lange in der Volksmedizin verwendet. Es ist überliefert, dass die Germanen und nordischen Völker ihn Läkeblad nannten, was so viel wie Heilblatt heißt.

SAUERAMPFER

Steckbrief

❊ 60–120 cm lang (je nach Art unterschiedlich)

❊ Vorkommen: auf nährstoffreichen, feuchten, meist kalkarmen Böden; oft auf Wiesen auffindbar

❊ Berg-Sauerampfer wächst bis über 2000 m

❊ Großer-Sauerampfer und Wiesen-Sauerampfer bis ca. 1700 m

❊ Lange, meist leicht rötliche Stiele

❊ Längliche, ledrige, spitz zulaufende Blätter mit am Blattgrund befindlichen pfeilförmigen Spitzen

❊ Kleine rötliche rispenartige Blütenstände

❊ Blätter direkt von der Pflanze genießbar, erfrischende Wirkung, oder auch als Würze zu fettigen Gerichten, gekocht als Spinatbeimischung verwendbar

❊ In der Volksmedizin werden dem Sauerampfer harntreibende, blutreinigende, das Immunsystem stärkende und verdauungsfördernde Eigenschaften zugeschrieben

❊ ACHTUNG: durch hohen Oxalsäure-Gehalt in größeren Mengen giftig. Nicht geeignet für Menschen mit Nierenbeschwerden, Sodbrennen oder unter Kalziummangel Leidende!!

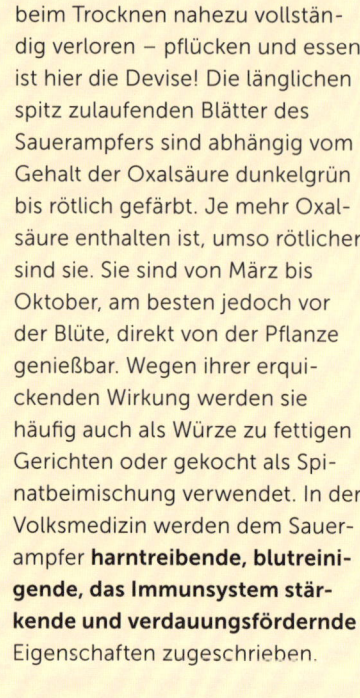

WIE DER NAME SCHON sagt, hat der Sauerampfer einen **leicht säuerlichen, aber auch erfrischenden Geschmack**. Bereits bei den Römern und alten Ägyptern war der Sauerampfer mit seinem hohen Vitamin-C-Gehalt als Heil- und Speisepflanze bekannt. Der Sauerampfer kann bei einem ungeübten Auge mit dem giftigen Aaronstab verwechselt werden. Dieser weist zu einem bestimmten Zeitpunkt im Frühjahr sehr ähnlich aussehende junge Blätter auf. Sauerampfer sollte immer nur frisch verwendet werden. Das Aroma bzw. der Geschmack geht beim Trocknen nahezu vollständig verloren – pflücken und essen ist hier die Devise! Die länglichen spitz zulaufenden Blätter des Sauerampfers sind abhängig vom Gehalt der Oxalsäure dunkelgrün bis rötlich gefärbt. Je mehr Oxalsäure enthalten ist, umso rötlicher sind sie. Sie sind von März bis Oktober, am besten jedoch vor der Blüte, direkt von der Pflanze genießbar. Wegen ihrer erquickenden Wirkung werden sie häufig auch als Würze zu fettigen Gerichten oder gekocht als Spinatbeimischung verwendet. In der Volksmedizin werden dem Sauerampfer **harntreibende, blutreinigende, das Immunsystem stärkende und verdauungsfördernde** Eigenschaften zugeschrieben.

Aber ACHTUNG: Durch den hohen Oxalsäure-Gehalt ist Sauerampfer in größeren Mengen giftig. Auch ist er für Menschen mit Nierenbeschwerden, Sodbrennen oder unter Kalziummangel Leidende nicht geeignet. Ebenso muss man beim Bestimmen des Sauerampfers genauestens auf die Größe der Pflanze, die Blattform und den Geschmack achten, da es viele ungenießbare Ampfersorten gibt.

Sauerampfer

GIERSCH

Steckbrief

* 50 – 100 cm hoch
* V-förmiger, unbehaarter und kantig bis runder Blattstiel
* Leicht behaarte, hellgrüne Blätter, Gesamtblatt verzweigt sich in drei spitz zulaufende Einzelblätter mit gezackten Rändern
* Blätter riechen stark aromatisch
* ACHTUNG: Verwechslungsgefahr mit ähnlichen, aber giftigen Pflanzen, auf Form der Blätter und Geruch achten

DIE 50 BIS 100 ZENTIMETER großen mehrjährigen Gierschpflanzen sind als klassisches Wildgemüse bekannt. Zu finden ist Giersch in schattigen und feuchten Wäldern, Wiesen und Gärten, an Wegrändern sowie in krautreichen Gebüschen. Reibt man an den Blättern, riechen diese stark aromatisch. Die Blätter des Gierschs schmecken kräftig würzig wie Petersilie und Möhren und sind unter anderem auch roh verzehrbar. Außerdem haben die Blätter eine harntreibende, krampflösende und entzündungshemmende Wirkung. Zerquetschte Blätter können gut für Umschläge bei Verbrennungen und Juckreiz durch Insektenstiche verwendet werden.

Durch die nur sehr geringen Ansprüche hinsichtlich Boden, Wassermenge und Lichtversorgung sowie durch die Verfügbarkeit über viele Monate sicherte Giersch vor allem während der Weltkriege vielen Menschen die Vitaminzufuhr.

VOGELMIERE

Steckbrief

✖ 5–40 cm hoch

✖ Vorkommen: nährstoffreiche Böden (bis ca. 1900 m), am häufigsten an feuchten und schattigen Plätzen, z.B. in Gärten, an Weinbergen, an Weg- und Feldrändern und auf Äckern

✖ Kleine, niederliegende und flächendeckende Pflänzchen

✖ Einreihig behaarter Stängel

✖ Eiförmige zugespitzte Blätter, bei denen sich immer zwei gegenüberstehen

✖ Meist 5 weiße Blütenblätter, die jeweils fast bis zum Grund zweigeteilt sind, wodurch der Eindruck entsteht, es wären 10

✖ Blätter schmecken kräftig würzig (wie Petersilie) und sind u.a. auch roh verzehrbar

DIE KLEINE, NIEDERLIEGENDE und flächendeckende Vogelmiere wird zwischen fünf und maximal 40 Zentimeter hoch. Diese zarten einjährigen Pflänzchen lassen sich auf nährstoffreichen Böden sogar bis ca. 1900 Höhenmeter finden. Am häufigsten entdeckt man sie an feuchten und schattigen Plätzen, so z.B. in Gärten und an Weinbergen, Weg- und Feldrändern und auf Äckern. Der einreihig behaarte Stängel, auch Haarlinie genannt, ermöglicht der Pflanze eine zusätzliche Wasseraufnahme. Zudem lässt sich die Vogelmiere durch ihn gut von dem leicht giftigen Ackergauchheil unterscheiden. Es gibt viele Einsatzmöglichkeiten der Vogelmiere, so wird sie in der Volksmedizin bei Lungenerkrankungen, Husten und Asth-

Vogelmiere

ma eingesetzt. Durch ihre kühlende, entzündungshemmende und schmerzlindernde Wirkung hilft sie bei Hautausschlägen, Verbrennungen, Schürfwunden und kleinen Verletzungen. Die Pflanze ist komplett verwendbar (Stängel, Blätter, Blüten und Fruchtkugeln) und lässt sich gut als Salat oder zu jungem Gemüse zubereiten.

FAKTENBOX:
In einer Handvoll Bodenerde tummeln sich mehr Lebewesen, als es Menschen auf der Erde gibt.

WALDERDBEERE

Steckbrief

- ✖ Bis max. 20 cm hoch
- ✖ Vorkommen: hellere Stellen im Wald, an Waldwegen und -rändern.
- ✖ Kleine Pflänzchen mit oberirdischen Ausläufern
- ✖ Behaarter Stängel
- ✖ Dreigeteilte Blätter mit deutlich gezackten Rändern
- ✖ Weiße Blüten mit 5 rundlichen Blütenblättern und gelber Mitte
- ✖ Von Juni bis September tiefrote Erdbeeren

Walderdbeere

WER KENNT SIE NICHT, die Wald-
erdbeeren, die zwar kleiner sind als
Zuchterdbeeren, dafür aber umso
aromatischer schmecken. Trotz ähnlichen Aussehens und der Namensgebung ist die Walderdbeere nicht
die Wildform der Gartenerdbeere.
Beide Beeren gehören aber zu der
Familie der Rosengewächse. Leicht
zu verwechseln ist die Walderdbeere
mit der indischen Scheinerdbeere,
welche eine zwar nicht giftige, aber
bittere und wässrige rote Beere bildet, jedoch gelbe Blüten hat. Roh
können die jungen Blätter der Walderdbeere im März und April in Sala-
ten und zu Gemüse verwendet werden. Die etwas älteren Blätter werden ab April als Tee gekocht gegen
Durchfall sowie bei Entzündungen
des Hals- und Rachenraums genutzt.

SURVIVALTIPP:
Zahnbürste vergessen? Kein Problem! Einfach die Rinde eines un-
giftigen Zweigs eines Laubbaumes
entfernen, ein Ende ankauen oder
mit einem schweren Gegenstand
auffächern. Nun mit ganz leich-
tem Druck die Zähne reinigen.
Nach Benutzung die „Zahnbürste"
gut mit Wasser ausspülen.

Gänseblümchen

GÄNSEBLÜMCHEN

Steckbrief

- 5–15 cm hoch
- Vorkommen: nährstoffreiche, frische Wiesen, Weiden, Rasen und an Wegrändern
- Runder, blattloser und behaarter Stängel
- In einer Rosette angeordnete Blätter nahe dem Boden
- Blütenköpfchen mit weißen Zungenblüten in 2 Reihen und in der Mitte gelbe Röhrenblüten
- Junge Blätter (im Frühjahr) sind roh für Salat und Kräuterquark verwendbar
- Blüten und Blütenknospen eignen sich als Tee bei Husten und zur Anregung des Stoffwechsels
- Äußerliche Anwendung gegen Akne und zur Wundbehandlung

DAS WOHL BEKANNTESTE Blümchen überhaupt – das Gänseblümchen. Insgesamt gibt es zwölf Arten, von denen die meisten im Mittelmeerraum vorkommen, aber auch in Mittel- und Nordeuropa sind sie weit verbreitet. Durch seinen hohen Bekanntheitsgrad darf sich das Gänseblümchen mit vielen Namen schmücken, so wird es auch als Maßliebchen, Tausendschön oder Monatsröserl bezeichnet.

Die Blüte richtet sich tagsüber nach der Sonne und schließt sich bei Dunkelheit.

Egal ob roh im Salat, auf die Haut gerieben oder als Tee gekocht, Blüte wie Blätter bieten Linderung vor allem bei Hauterkrankungen, helfen aber auch dem Verdauungs- sowie dem Atemsystem.

KURZÜBERSICHT DER SUPERKRÄFTE

Birkenrinde: Zunder
Birkenblätter: Seifenersatz
Spitzwegerich: bei Stichen, Brennnesseln,
Juckreiz, Schürfwunden, zur Blutstillung von klei-
nen Wunden; Blätter, Triebe und Stängel sind roh essbar
Laubbaumzweig: kauen, Zähne putzen
Sauerampfer: Blätter essen, erfrischende Wirkung
Giersch: entzündungshemmende Wirkung, zerquetschte Blätter für
Umschläge bei Verbrennungen
Vogelmiere: bei Hautausschlägen, Verbrennungen, Schürfwunden
und kleinen Verletzungen; Pflanze kühlt, ist entzündungshemmend,
schmerzlindernd und verdauungsfördernd
Walderdbeere: Blätter oder Früchte aufgekocht als Tee
bei Halsschmerzen
Gänseblümchen: bei Akne und kleinen Wunden
äußerlich anwendbar

Autorin: Valérie Castellani

SURVIVAL – DRAUSSEN ÜBERLEBEN

ALLGEMEIN GILT: „Vorsicht ist besser als Nachsicht" – also lieber etwas mehr Regenschutz und Trinken einpacken, den wärmeren Schlafsack und was zum Feuermachen/Kocher mitnehmen.

Und solltest du in eine Notsituation ohne Handy geraten: Deutschland hat eine sehr gut ausgebaute Infrastruktur, zu einer Straße ist es nie weit. Und wo eine Straße liegt, gibt es oft auch Anschluss zu Zivilisation oder Autos.

Mach auf dich aufmerksam, wenn du in Gefahr bist. Hilfe anzunehmen, ist stärker als der Irrsinn, selbst das Mammut erlegen zu wollen.

Für dich nun die drei wichtigsten Survival-Points:

1. Trocken und warm
Eine Unterkühlung/Überhitzung ist die frühestmögliche Gefahr. Darum: Achte darauf, warm zu bleiben. Feuchtigkeit stellt Kälte-

brücken dar. Unbedingt trocken bleiben.
Material: Regenjacke; Schirm; Unterstand wie Hausdach, Baum, Brücke; Kälteschutzstellung siehe Bild; Feuer machen. Kocher dabeihaben/Waldschlafsack bauen.

2. Trinken
Bis max. drei Tage können wir ohne Wasser auskommen, meist wird es nach einem Tag knapp. Darum: Lieber mehr als weniger

Wasser mittragen. Fülle Wasser auf, wann immer es geht, z.B. an Haus, Quelle, Friedhof, klarem Bach(!), Wasser aufsaugen mit T-Shirt am Baum, Moos auswringen.

3. Essen
Unser Organismus kommt gut eine Woche ohne Essen aus, auch wenn wir das vielleicht nicht glauben wollen. Nach einer Woche, meist spätestens aber schon nach ein paar Tagen, sind wir wieder in der Zivilisation. Dort finden wir Essen.

Bitte lass die Finger von Pilzen und Früchten, die du nicht zu 100 % sicher bestimmen kannst. Eine

tödliche Pilzvergiftung wäre echt ärgerlich, wenn du ein paar Stunden später einen Menschen mit Essen z.B. an einer Straße getroffen hättest.

Autor: Benni Nichell

Feuerstahl kann trotz Nässe Funken erzeugen.

PAPARAZZI

GEH DOCH MAL richtig nah ran, leg dich auf die Lauer, klettere auf den Fels hoch und such dir einmalige Plätze mit ganz neuen Perspektiven.

Egal ob im kleinsten Detail oder auf der weitflächigen Panorama-Aufnahme, durch den Sucher der Kamera kannst du die Welt um dich herum in einem besonderen Licht einfangen und Schönheiten festhalten, die dir so vielleicht überhaupt nicht aufgefallen wären.

In dieser Challenge geht es darum, den Fokus mal umzulenken!

1. Halt doch mal richtig drauf und mach einen auf Paparazzi
Such dir ein Tier, das kann die kleine Ameise, der Käfer oder, wenn du so krass bist, auch ein Reh, Greifvogel oder Hase sein. Wähle deinen Standpunkt schlau, vielleicht lässt sich etwas Vordergrund finden, der deinem Bild einen natürlichen Rahmen gibt. Durch die Höhe deiner Kamera kannst du zudem entscheiden, welche Wirkung das fotografierte Tier haben soll.

Kopfüber aus dem Baum hängend ein Reh zu fotografieren, lässt es wie ein kleiner Akteur in dieser großen Natur wirken, wohingegen eine Ameise auf einem Stamm von unten fotografiert wie der größte Riese wirken kann. Achte auf die Verschlusszeit der Kamera, so kannst du deinem Bild einen individuellen Stil geben. *Merke:* Lange Verschlusszeiten (1/30, 1 Sekunde oder sogar mehrere Sekunden) können gewollte Unschärfe von sich bewegenden Objekten hervorrufen. Das kann richtig cool aussehen, aber

beachte, deine Hand ganz still zu halten, sonst ist am Ende das ganze Foto eine gesammelte Unschärfe.
Kurze Verschlusszeiten (1/200, 1/1000 oder kürzer) führen zu einem gestochen scharfen Bild. So kannst du einen rennenden Hasen wie eingefroren aussehen lassen.

INFO:
Warum das so ist und mehr dazu findest du im nächsten Kapitel „Fotografie"!

2. Wow, da lebt ja was!

Hast du dir schon mal die Zeit genommen, im Wald oder auf der Wiese einen Quadratmeter Boden genau anzuschauen? Nein?! Das sollten wir schnellstens ändern! Schnapp dir die Kamera, such dir deinen ganz persönlichen Quadratmeter Boden und bleib 30 Minuten GENAU DA!
And let the magic happen…

Autorin: Nehle Roskam

ORIENTIERUNG

Hilfsmittel zur Orientierung, die auf keiner Wanderung fehlen dürfen:

✖ Karte
✖ Kompass
✖ Digitale Karten auf dem Handy
✖ GPS (auf dem Handy reicht meistens aus)

Kurzübersicht über natürliche Orientierungshilfen im Gelände:

1. Bergrücken = langgezogene breite Hänge, welche zu beiden Seiten leicht abfallen wie zwischen den Feldberggipfeln
2. Tal = tiefer liegendes Gelände zwischen zwei Bergreihen
3. Hang = schräg abfallende Seite eines Berges
4. Kamm = Grat, der über verschiedene Gipfel läuft, verbunden über Bergrücken
5. Pass = Übergang zum nächsten Tal, meist die tiefstmögliche gangbare Stelle eines Bergrückens.
6. Gipfel = höchste Spitze eines Berges, erkennt man auf der Karte daran, dass die Höhenlinien kreisförmig immer kleiner werden und die Spitze mit einem Punkt mit der korrekten Höhe markiert ist.

7. Kar = kesselförmige Eintiefung inmitten von Berghängen, die durch Gletscherbewegungen entstanden sind
8. Sattel = seichte und flache Form eines Passes

✖ Generell hilft es sehr, wenn man sich mit der Legende einer Karte auseinandersetzt. Dort finden sich meist hilfreiche Informationen.

Künstliche Orientierungshilfen im Gelände:

✖ Strommasten
✖ Windräder
✖ Aussichtstürme
✖ Skilifte
✖ Orte

Ich habe die Orientierung verloren – was tun:

1. **Ruhe bewahren.** Solltest du eine Karte und einen Kompass dabeihaben (oder sogar ein GPS), wird es für dich kein Problem sein, deinen Standort zu finden.

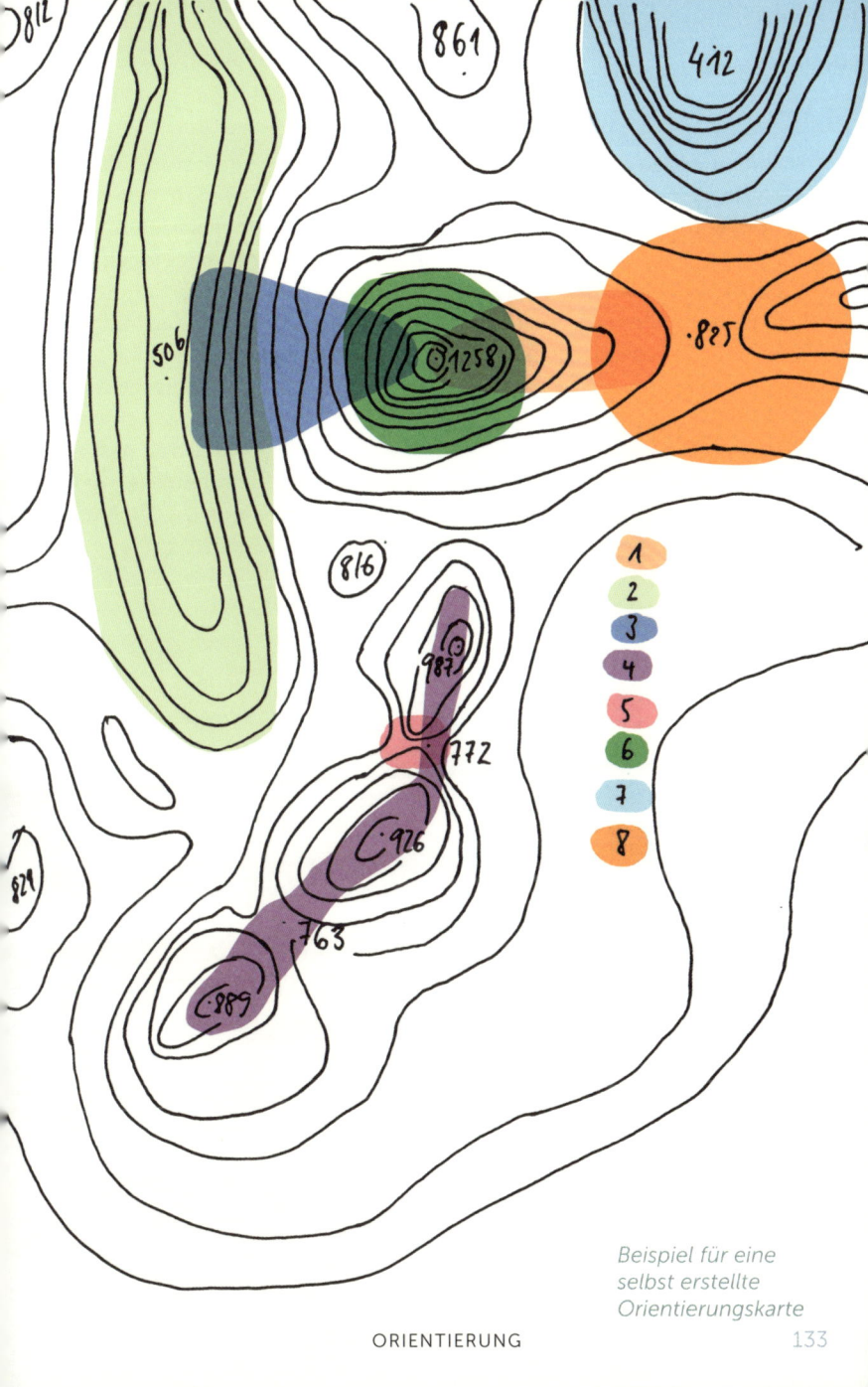

Beispiel für eine
selbst erstellte
Orientierungskarte

2. Karte mit Hilfe des Kompasses **nach Norden** ausrichten (Norden ist immer oben bei einer Karte).

3. Alternativ die Karte nach **natürlichen Fixpunkten** ausrichten, diese können sein: markante Gipfel, Täler, Hänge oder Bergrücken.

4. Sobald du die Karte genordet hast, leg sie am besten auf den Boden und schau einmal in alle Himmelsrichtungen. Was siehst du? Gibt es einen Punkt, den du siehst, der sich so auch auf der Karte finden lässt?

5. Such möglichst viele von diesen Punkten und probier, dabei einzuordnen, wie weit entfernt diese von dir sind. Hierbei ist es wichtig zu wissen, welchen Maßstab deine Karte hat.

6. Meistens hilft es auch festzustellen, auf welcher Art von Weg man ist. Ist es eine große Forststraße oder ein kleiner Trampelpfad? In der Legende siehst du, welcher Weg durch welches Muster auf der Karte dargestellt wird. Dadurch lässt sich einfacher ermitteln, wo du dich auf der Karte befindest.

7. Solltest du trotzdem nicht weiterkommen, hilft es auch, zum nächsten Wegweiser zu laufen. Diese haben immer eine Höhenangabe und eine Standortbeschriftung. So kannst du auf der Karte mit Hilfe der Höhenlinien deinen Standort gut eingrenzen.

8. Wenn du deinen Standort grob lokalisiert hast, suchst du eine Route, die dich wieder zu deinem ursprünglichen Ziel führt.

9. Viel Erfolg!

Autor: Kilian Lorenz

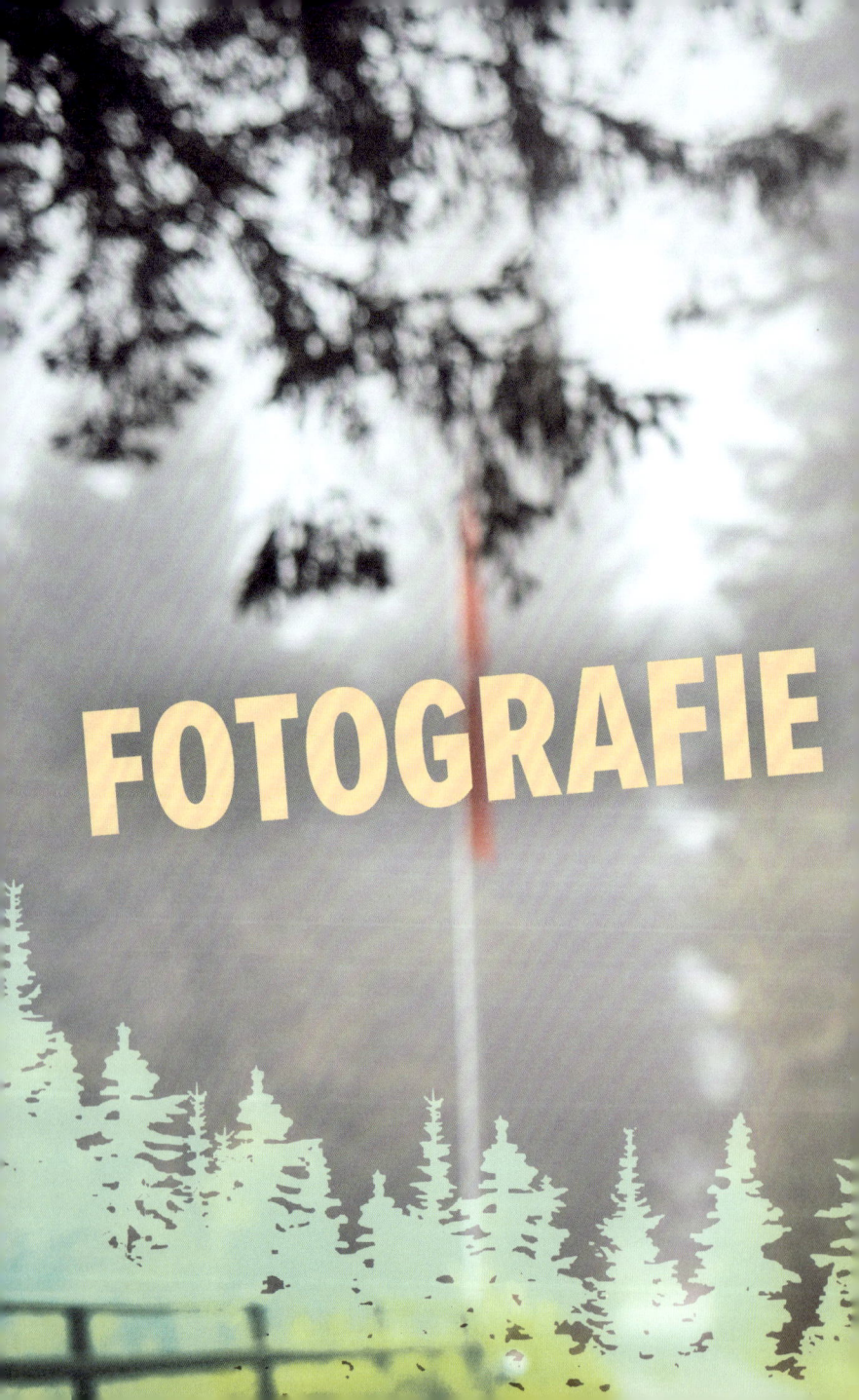

FOTOGRAFIE

Fotografieren ist die Kunst, einen Moment für die Ewigkeit festzuhalten. Durch diese Kunst können Menschen aus der ganzen Welt
an etwas teilnehmen, auch wenn sie nicht direkt vor Ort sein können.
Denn die Sprache der Fotografie ist universell. Alle verstehen sie. Und
genau deshalb ist sie im Naturschutz ein wichtiger Baustein, um sowohl
die Schönheit als auch die Zerstörung unseres Planeten für jetzige und
zukünftige Generationen zu dokumentieren.

Autor: Benjamin Eckert

WAS MACHT EIN GUTES BILD AUS?

WORAUF ES BEI der Fotografie zuallererst ankommt, ist das Sehen. Das Ziel beim Fotografieren ist es, das Besondere an einem Motiv oder eine bestimmte Szene hervorzuheben. Entscheidend dabei ist es, den richtigen Bildausschnitt und die geeignete Perspektive zu finden. Neben dem Bildaufbau ist es aber auch sinnvoll, die wichtigsten Grundlagen der Fotografie zu verstehen.

Die richtige Belichtung

Um ein korrekt belichtetes Foto zu bekommen, muss in deiner Kamera die richtige Menge an Licht ankommen.

Nicht zu viel, aber auch nicht zu wenig. Um dies zu erreichen, müssen die sogenannte Blende (Durchmesser der Öffnung im Objektiv) und die Verschlusszeit (Zeitintervall, in dem Licht auf den Sensor fallen kann) präzise aufeinander abgestimmt sein. Der Automatikmodus deiner Kamera regelt das für dich. Willst du jedoch einen der beiden Werte für gestalterische Zwecke verändern, musst du in den Halbautomatikmodus oder in den manuellen Modus wechseln und dort den anderen Wert entsprechend anpassen.

So wirkt die Blendenöffnung

Mit der bewussten Wahl der Blende bestimmst du nicht nur die Menge an Licht, die durch das Objektiv auf den Sensor fällt, sondern auch die Schärfentiefe deines Fotos. Grundsätzlich gilt, je kleiner die Blende (große Zahl), desto größer wird die Schärfentiefe. Ein Bereich für den kreativen Einsatz der Blende ist z. B.

die Porträtfotografie. Dort soll der Hintergrund meistens verschwommen oder unscharf sein, damit das Gesicht der Person besser zur Geltung kommt. Diesen Effekt erreichst du mit einer großen Blende (kleine Zahl). In der Landschaftsfotografie wählt man dagegen eher eine kleine Blende, damit alle Bereiche (nah und fern) in deiner Aufnahme scharf und gut zu sehen sind.

So wirkt die Belichtungszeit

Mit der Wahl der Belichtungszeit bestimmst du nicht nur, wie lange Licht durch den Verschluss auf den Sensor fällt, sondern du kannst damit auch gezielte Effekte erreichen. Willst du z.B. einen Wasserfall fotografieren, erreichst du mit einer minimalen Verschlusszeit, dass jeder Tropfen im Bild einzeln sichtbar ist. Wählst du jedoch eine längere Verschlusszeit, wird die gesamte Flugbahn der einzelnen Tropfen auf deinem Foto sichtbar, und du kannst damit schön die Bewegung des Wassers darstellen. Der Nachteil einer langen Belichtungszeit ist, dass du Gefahr läufst, dein Bild zu verwackeln. Nutze bei langen Belichtungen daher am besten ein Stativ.

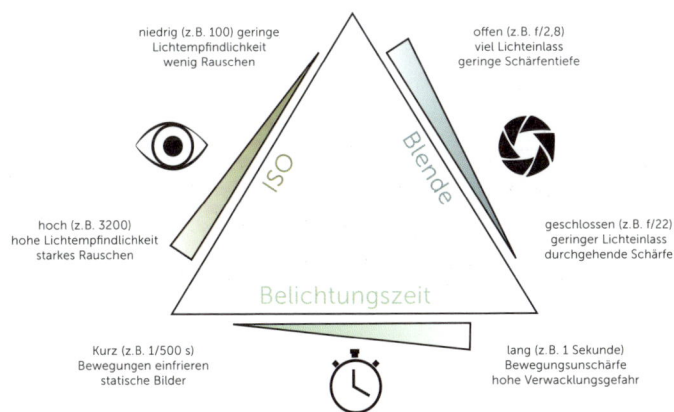

Das Belichtungsdreieck

niedrig (z.B. 100) geringe Lichtempfindlichkeit wenig Rauschen

offen (z.B. f/2,8) viel Lichteinlass geringe Schärfentiefe

ISO

Blende

hoch (z.B. 3200) hohe Lichtempfindlichkeit starkes Rauschen

geschlossen (z.B. f/22) geringer Lichteinlass durchgehende Schärfe

Belichtungszeit

Kurz (z.B. 1/500 s) Bewegungen einfrieren statische Bilder

lang (z.B. 1 Sekunde) Bewegungsunschärfe hohe Verwacklungsgefahr

Alle drei Parameter sind voneinander abhängig. Ändert man einen, muss man die anderen entsprechend ändern, um die gleiche Belichtung zu erzielen.

TIPP: Das richtige Licht

Die beste Zeit zum Fotografieren ist morgens oder abends. In der sogenannten goldenen Stunde (jeweils die Stunde nach Sonnenaufgang und vor Sonnenuntergang) ist das Sonnenlicht besonders schön, und die Kontraste sind nicht mehr so hart wie am helllichten Tag. Einen besonderen Reiz hat auch die blaue Stunde, kurz nachdem die Sonne schon untergegangen ist bzw. bevor sie aufgeht. Da legen sich über die Natur oft wunderschöne und weiche Farbtöne.

Auf die Komposition kommt's an

Auch mit einfachen Kameras und im Automatikmodus kannst du tolle Bilder fotografieren. Denn das Entscheidende beim Fotografieren ist der Bildaufbau. Hier findest du ein paar Tipps, wie du deinen fotografischen Blick verbessern und deine Bilder aktiv gestalten kannst.

FAKTENBOX:
- Bei Mensch und Tier nimm Blende vier (oder kleiner).
- Die Sonne lacht, nimm Blende acht.
- Für Schärfe ohne Ende, nimm die kleinste Blende.

Der Goldene Schnitt

Schon mal versucht, mit einer Wasserspiegelung zu fotografieren?

Drittelregel

Stell dein Motiv nicht in die Mitte des Bildes, sondern lass zu einem der Ränder hin ein Drittel Platz. Teile dein Bild dazu gedanklich in ein Tic-Tac-Toe-Raster auf und platziere dein Motiv auf eine der Linien. Das wirkt harmonisch und ästhetisch ansprechend.

Die Drittelregel

Suche nach Linien

Suche nach interessanten Linien, die am Rand deines Motivs beginnen und den Betrachtenden in dein Bild hineinziehen. Das können z.B. Bäume, Wege, Waldkanten, Wolkenstrukturen, Sonnenstrahlen oder Reihen gut platzierter Objekte sein.

Ungewöhnliche Blickwinkel

Achte auf unterschiedliche Blickwinkel. Leg dich auf den Boden, klettere auf einen Baum, such den besonderen Blickwinkel, der den Betrachter überrascht. Stichwort: Frosch- oder Vogelperspektive.

Freistellen

Hintergrund nicht kunterbunt: Der Bereich um dein Motiv herum sollte frei und aufgeräumt sein. Damit sticht es heraus und hebt sich schön vom Hintergrund ab.

Einrahmen

Lenke den Betrachtenden auf dein Hauptmotiv, indem du es im Vordergrund mit Details umrahmst wie etwa Laub oder Geäst.

Symmetrie

Bilder mit einer schönen Symmetrie haben immer etwas Besonderes und sind graphisch reizvoll zu betrachten.

Horizont – keine krummen Sachen

Achte darauf, dass dein Horizont oder senkrechte Linien immer gerade sind. Nutze notfalls die Hilfslinien auf deinem Display.

Vordergrund

Landschaftsbilder sehen oft öde und leer aus, weil im Vordergrund kein Blickfang ist. Objekte im Vordergrund wie z.B. Steine, Bäume, Blumen, Tiere usw. erleichtern dem Betrachtenden den Einstieg in dein Bild und helfen ihm dabei, die Größenverhältnisse einer Landschaft einzuordnen.

Autor: David Lohmüller

FAKTENBOX:
Bewegung tut gut.
Um die oben genannten Kompositionen zu erreichen, musst du dich mit deiner Kamera viel bewegen, denn dein Motiv wird es in der Regel nicht tun. ;-)

APP-TIPP:
Photopills
Diese App ermöglicht es dir, den Sonnen- sowie Mondlauf zu bestimmen.

Ein „natürlicher Rahmen"

STERNFOTOGRAFIE

STERNE ZU FOTOGRAFIEREN, ist gar nicht so schwer. Wenn man ein paar Dinge beachtet, kann man sogar die Milchstraße mit ihren ganzen Nebeln ablichten. Eine kleine Anleitung findest du hier.

Wetter und Mondphase

Um die Milchstraße richtig fotografieren zu können, braucht es folgende Bedingungen:
Das Wetter sollte klar und wolkenlos sein. Die Zeit um Neumond herum ist empfehlenswert, da hier das Mondlicht nicht stört. Am besten man fährt in eine etwas abgelegene Gegend oder in die Berge, um der Lichtverschmutzung zu entgehen.

Die Planung

In Deutschland ist das galaktische Zentrum der Milchstraße nur in den Sommermonaten zu sehen. Es zieht über die Zeit von Südwesten nach Südosten.
Mit Hilfe von Apps wie z.B. *Photopills* kann man im Voraus die genaue Ausrichtung der Milchstraße bestimmen.

Equipment

* Manuell bedienbare Kamera
* Weitwinkliges, lichtstarkes Objektiv
* Stativ
* Fernauslöser oder 2 Sek. Selbstauslöser
* Taschenlampe

Kameraeinstellungen für den Sternenhimmel

* Stell die Kamera in den manuellen Modus M
* Verwende dein weitwinkligstes und lichtstärkstes Objektiv
* Öffne die Blende, so weit es geht, z.B. f/2.8
* Für die Belichtungszeit gibt es diese Formel, um Sternenzieher zu vermeiden: 500/(Brennweite in mm). Bei APSC-Kameras: 300/Brennweite
* So kommt man z.B. bei 18 mm auf einer Kamera mit APSC-Sensor auf 300/18 mm = 16 Sek.
* ISO: 3200–6400
* Bildstabilisierung: aus
* Fokus: manuell unendlich fokussieren

Mit ein bisschen Geduld und Übung kann man tolle Ergebnisse erzielen und eine schöne Zeit unter dem Sternenhimmel verbringen.
Viel Spaß beim Ausprobieren!

Autor: Matthias Haller

Filmer und Fotograf

INTERVIEW
MATTHIAS HALLER

Was verbindest du mit Fotografie und Film?

Für mich ist das Fotografieren und Filmen in der Natur Anlass zum Rausgehen, schöne Momente bewusst zu suchen und diese mit anderen teilen zu können.

Kannst du dich noch daran erinnern, wann du deine erste Timelapse aufgezeichnet hast? Wie war das so?

Das war, wenn ich mich richtig erinnere, bei einem Familienausflug in Bamberg. Mich faszinierten die vorbeiziehenden Wolken über der Altstadt, und ich nahm einfach ein langes Video auf, das ich später verschnellert habe.

Was hast du dabei falsch gemacht bzw. was sind deine Top 3 Learnings zum Thema?

1. Wenn man statt einem Video Einzelbilder mit einem Intervalometer aufnimmt, kann man nicht nur unnötigen Speicherplatz sparen, sondern bekommt auch qualitativ deutlich bessere Ergebnisse.
2. In der Kälte leeren sich Akkus schneller: Immer genug Strom dabeihaben bzw. die Kamera am besten über eine Powerbank/ einen Akku-Dummy betreiben.
3. Anfangs ist es mir häufiger passiert, dass ich Zeitraffer schon frühzeitig abgebrochen habe, weil z.B. der Himmel in einer anderen Richtung plötzlich interessanter aussah. Das geht aber meistens nach hinten los, weil es oft dann für eine vollständige neue Aufnahme schon zu spät ist. Im Zweifel lieber die Kamera stehen lassen, als mit zwei halb fertigen Aufnahmen nach Hause zu gehen,

mit denen man nichts anfangen kann.

Wo hast du deine Lieblingssternenfotografie durchgeführt?
Das war wahrscheinlich, als ich das erste Mal das Milchstraßenzentrum vor die Linse bekommen habe: im Sommer 2015 beim Wildsee im Schwarzwald. Wir haben mit der Familie in der Darmstädter Hütte übernachtet und sind abends noch mal raus. Durch die vielen Sterne war es trotz Neumond so hell, dass man auch ohne Taschenlampe den Weg gesehen hat. Später, als Nebel aufgezogen ist, wurde es plötzlich stockdunkel. Am nächsten Morgen haben wir dann sogar zufällig Simon in der Hütte getroffen, der mir dann vom YEP erzählt hat. Besonders schöne Sternennächte habe ich auch in den Schweizer Alpen erlebt, wo natürlich noch viel weniger Lichtverschmutzung ist.

Was machst du, damit du dich alleine in der Nacht sicher fühlst und es nicht gruselig wird?
Am besten natürlich, man nimmt jemand mit. Alleine ist das aber auch kein Problem. Wichtig ist nur, immer zu wissen, wo man ist, und den Ort zu kennen, damit man in der Dunkelheit einen sicheren Standort hat. Am besten erkundet man die Stelle schon mal bei Tageslicht und sucht sich sein Motiv.

Machst du das auch im Schnee?
Was ist dabei besonders schwer? Gerade im Winter kann die Landschaft noch mal ganz besonders aussehen. Aufpassen sollte man beim Fotografieren immer mit seinen Fußspuren im Neuschnee, damit man sich nicht selbst das Motiv zertrampelt. Man kann sie aber natürlich auch bewusst als Stilmittel einsetzen.

Warum fotografierst du Sterne? Du könntest sie auch einfach anschauen.
Durch die Kamera kann man den Nachthimmel noch mal ganz anders sichtbar machen. Durch die lange Belichtung und den Sensor der Kamera bekommt man am richtigen Ort die ganzen tollen Farben und Strukturen am Nachthimmel zu sehen, die man mit dem Auge gar nicht so detailliert sehen könnte. Mit einer schönen Landschaft im Vordergrund ist das ein tolles Motiv zum Fotografieren.

Autor: Matthias Haller

TIMELAPSE-FOTOGRAFIE

BEI DER ZEITRAFFERFOTOGRAFIE nimmt man üblicherweise eine Sequenz aus Einzelfotos auf, die mit einem bestimmten zeitlichen Abstand aufgenommen werden. Dieses Intervall kann stark variieren, je nachdem, welches Motiv man aufnimmt.

Nach der Aufnahme kann man die Fotos dann mit Hilfe von Software (LRTimelapse) als Video abspielen lassen, beispielsweise mit 24 Bildern/Sek.

Schöne Motive:

* Ziehende Wolken
* Sterne/Milchstraße
* Wasserfälle
* Sonnenauf-/untergänge

Das richtige Intervall

Hier ist gerade am Anfang Ausprobieren gefragt. Man bekommt mit der Zeit ein Gefühl und kann es je nach Situation abschätzen.

Als Richtwert gelten die folgenden Werte:

* bei Wolken: 2–4 Sek.
* bei Sternen: 10–30 Sek.
* bei Sonnenauf-/untergang ohne Wolken: 5–10 Sek.

Einstellungen

* Stativ
* Manueller Modus oder A/AV-Modus bei wechselnden Lichtverhältnissen
* Blende fest einstellen
* Verschlusszeit im Optimalfall halb so lang wie das Intervall (bei 2 Sek. Intervall z.B. 1 Sek.)
* Bildstabilisator und Autofokus der Kamera ausschalten
* Am besten im Raw-Format aufnehmen

Postproduktion

Mit dem Programm LRTimelapse kann man die Fotos super zu einem Video zusammenfügen und Belichtungssprünge/Flackern ausgleichen.

Es ist kostenlos und läuft zusammen mit Adobe Lightroom, mit dem man die Raw-Fotos entwickeln kann.

Auf YouTube gibt es zahlreiche Tutorials für den Workflow mit dem Programm.

Exkurs Hyperlapse

Spannend ist es oft, zusätzlich zu der Bewegung in der Landschaft

Irritierend, aber wahr – das ist ein Mondaufgang!

noch Dynamik durch längere Kamerafahrten in die Aufnahme zu bringen.
Hierbei wird die Position der Kamera zwischen jeder Einzelaufnahme geändert, um eine Bewegung im Film zu ermöglichen.

Optionales Equipment

✖ Powerbank/Akku Dummy für längere Aufnahmen

✖ Filter für eine längere Verschlusszeit auch am Tag
✖ USB-Objektivwärmer gegen Beschlagen der Linse bei Nacht
✖ Motorisierte Stativköpfe und Slider

Autor: Matthias Haller

DOS & DON'TS
FOTOGRAFIE

DON'Ts

- Im Automatikmodus fotografieren
- Zu hohe ISO-Werte einstellen
- Zu lange Verschlusszeiten aus der Hand fotografieren (Verwacklungsgefahr)
- Aufnahme in JPEG
- Beim Fotografieren die Natur beschädigen!! (Wegegebot im Nationalpark ...)
- Einen schiefen Horizont im Bild
- Vermeide direktes Sonnenlicht (Gegenlicht)
- Fotografieren in unpassenden Momenten
- Bei Porträts ein Weitwinkelobjektiv

DOs

- In RAW fotografieren für mehr Bildinformation
- Kreativ sein bei der Perspektive (nicht immer auf Augenhöhe fotografieren)
- Bei Langzeitbelichtungen ein Stativ verwenden
- Vordergrund ins Bild einbauen (Laub, Steine ...)
- Übung macht den Meister
- Objektivdeckel entfernen
- Personen um Erlaubnis bitten
- Akkus vor dem Fotografieren aufladen
- Speicherkarte nicht vergessen

Autor: Silas Steinwenger

VEGANE SCHWARZWALDKÜCHE

Spätzle

- 400 g Mehl (Typ 405 oder 550)
- 80 g Hartweizengrieß
- 1 TL Salz (10 g)
- 1 TL Kala Namak (optional)
- 1 Msp. Kurkuma (für die Farbe)
- 2 EL Olivenöl
- 400 ml ungesüßter Sojadrink
- 100 ml Wasser

Alle Zutaten mit einem Handrühr-gerät / Schneebesen vermengen bis ein klümpchenfreier, zähflüssiger Teig entsteht. Dann durch eine Spätzlepresse in leicht siedendes, gesalzenes Wasser geben, bis sie an der Oberfläche schwimmen.

Flammkuchen

FÜR DEN BODEN:
- 250 g Mehl • 100 ml warmes Wasser • 2 Tl Öl • 1 Prise Salz

FÜR DIE CREME:
- 400 g Sojaquark • 150 g veganer Frischkäse • 200 g Seidentofu
- 1 TL Knoblauchpulver • 1 EL Apfelessig • 1 Zitrone (Saft)
- Salz • Pfeffer

1. In einer großen Schüssel ver-mischt ihr alle Zutaten für den Boden und knetet alles gut durch. Da keine Hefe drin ist, könnt ihr den Teig direkt wei-terverarbeiten, in vier gleich große Stücke zerteilen und auf einer glatten bemehlten Fläche ausrollen.

2. Für die Creme verrührt ihr ein-fach alle Zutaten miteinander und schmeckt mit Salz und Pfeffer ab. Die Creme verteilt ihr gleichmäßig auf den Flamm-kuchenböden. Macht ruhig eine dickere Schicht.

3. Jeder Flammkuchen kommt bei etwa 180 Grad für 10−15 Minu-ten in den Ofen. Schaut am besten, wann euer Teig schön knusprig wird, dann ist der Flammkuchen fertig.

Belegen könnt ihr den Flamm-kuchen beispielsweise mit:
- Zwiebeln und Räuchertofu
- Tomaten, Salbei und veganem Schafskäse − karamellisierten Apfelscheiben

Autorin: Sina Mangelsdorf

COMMUNITY QUOTES

„Machen ist wie Wollen, nur krasser."
Niko Pallas, YEPi

„Was einfach megainspirierend ist, wie viel alle schon erlebt
haben und was für Geschichten sie mitbringen. Alle sind
immer gut drauf, und das macht mega Laune."
Jördis Herrmann, YEPi

„Man hat das Gefühl, zum ersten Mal Leute kennenzulernen, die ähnlich denken und einfach ähnliche Ziele haben."
Amadeus Halili, YEPi

„Um weiterzuleben, müssen wir unsere Natur schützen.
Und damit die nächsten Generationen eine gute Lebensat-
mosphäre finden, müssen wir unsere Natur schützen. Und
daran hart arbeiten."
Omar Abdulaziz Khasaba, YEPi

„Das YEP 2018 war für mich eine unvergessliche Woche mit
Sport, Zeit in der Natur, leckerem Essen und nicht zu vergessen: mit unglaublich coolen,
motivierten Menschen."
Eliza Heinlein, YEPi

„Wir haben nicht aufgegeben und haben es zusammen
als Team geschafft."
Levin Hautsch, YEPi

„Wir haben das so genossen, und das war echt toll. Da hab
ich wirklich den Schwarzwald erlebt, und auch das eine Spur
wilder. Da ist man echt voll über sich hinausgewachsen."
Mara Mönch, YEPi

„Wenn man mit coolen Leuten zusammen ist, die ähnlich drauf sind wie man selber, dann schafft man echt vieles, und es kommen so große Sachen ... einem viel kleiner vor und machbarer."
Niko Pallas, YEPi

„Dieses Gefühl von Akzeptanz und Zugehörigkeit findet man ganz selten, und das wird hier einfach Tag für Tag geteilt."
Nehle Roskam, YEPi

„Aus dem Camp nehme ich auf jeden Fall mit, dass man etwas verändern kann, wenn man einfach mal anfängt."
Caroline Baljer, YEPi

„Dieses Camp hat mich dazu inspiriert und mir noch mal den letzten Tritt gegeben, wirklich darauf hinzuarbeiten auf das, was ich wirklich machen möchte im Leben."
Katharina Mohr, YEPi

„Ja, die Stimmung hier ist supermotiviert, weil wir gewinnen werden ... Hat jemand mal 'ne Karte für mich, weil ich hab meine verloren."
später: „Ja, wir waren topmotiviert ... haben uns das ein oder andere Mal vielleicht 'n bisschen verlaufen ..."
Noa Klinkenberg, YEPi, beim Abenteuertrek

„Die Lage? Voll happy, die Sonne scheint, es regnet nicht, die Stimmung ist super."
Kilian Lorenz, YEPi, beim Abenteuertrek

DU BIST JA KRASS!

JETZT HAST DU dieses Buch doch tatsächlich durchgelesen. Hast angefangen, die Natur um dich herum mit neuen Augen zu sehen. Hast Faszination und Begeisterung im Detail erfahren und viel Zeit draußen an der frischen Luft verbracht – davon gehen wir jetzt einfach mal stark aus.

Wir sind dir unglaublich dankbar, dass du dir die Zeit genommen hast, gemeinsam mit uns in *dein* Abenteuer Schwarzwald einzutauchen!

Wenn du weiter Teil dieses Projekts sein möchtest, dann folge uns gerne auf unseren Social-Media-Plattformen, und vielleicht sieht man sich ja sogar mal bei einem unserer Wirkungsprojekte oder sogar Camps.

Finde uns auf Instagram, Facebook und TikTok:
@abenteuerschwarzwald

NEVER STOP EXPLORING!

Passwort:
ASW_Buch

www.asw-buch.de

Unter diesem **QR-Code** findest du alle Interviews in voller Länge, Videos zu unseren Camps, Blog-Beiträge und vieles mehr.

Du kennst weitere coole Inhalte? Dann lass es uns doch gerne über eine unserer Social-Media-Plattformen wissen, und wir schauen, was sich auf unserer Website gut einbinden lässt.
Die gesamte YEP-Community schätzt dich und deine Begeisterung für die Natur unglaublich! Geh weiter deinen Weg und gib diese Begeisterung für die Natur an Freunde und Familie weiter, denn wenn wir eins wissen, dann, dass die Natur das wertvollste und schönste Geschenk ist, das wir auf diesem Planeten jemals bekommen haben.

Autorin: Nehle Roskam

Hey, wir sind's noch mal!
Wir wollten dich nur wissenlassen,
dass, bevor du das Buch in einem Schrank
verstauben lässt, sich jemand anderes
sicherlich darüber freut, etwas mehr über
die Natur zu lernen. Verschenke es doch
an Freunde, Geschwister oder eine
fremde Person, die du beim
Wandern triffst.

Mitwirkende YEPs:
Emily-Lou Rajsp
Kilian Lorenz
Raphael Prautzsch
Johanna Pietschmann
Svenja Christ
David Lohmüller
Simon Straetker
Jördis Herrmann
Annika Reinhardt
Niko Pallas
Melina Kuhnert
Fenja Roskam
Valérie Castellani
Lydia Lehmann
Jasmin Silcher
Sandra Barwich
Johanna Hiddemann
Eliza Heinlein
Benni Nichell
Benjamin Eckert
Matthias Haller
Sina Mangelsdorf
Christoph Mehl
Maja Rohde
Hannah Lange
Juliane Schrempp
Malte Tepper
Niklas Koch
Kamil Derezinski
Leoni Bergner
Sina Mangelsdorf
Simon Fuhrmann
Maya Prinz
Silas Steinwenger
Nehle Roskam

Fotos:
Christoph Mehl, David Lohmüller,
Benjamin Eckert, Silas Steinwen-
ger, Niklas Koch, Joshi Nichell,
Matthias Haller, Kamil Derezinski,
Dustin Junghans, Dmitry Sharo-
mov, Simon Fuhrmann, Ana Baros,
Seite, Niko Pallas, Black Forest
Collective

**besondere Unterstützung vom
Nationalpark Schwarzwald:**
Svenja Fox
Patrick Stader

Design-Illustrationen:
Christoph Mehl (Grafikchaos)

Leitung / Direktion:
Nehle Roskam